TAXONOMY OF TERMITES IN ZHEJIANG

浙江白蚁
形态分类图鉴

主　编　包立奎
副主编　戴青峰　潘程远　张大羽　林　于　吴棣飞

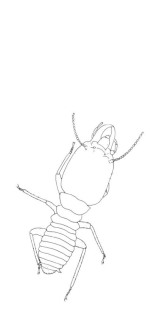
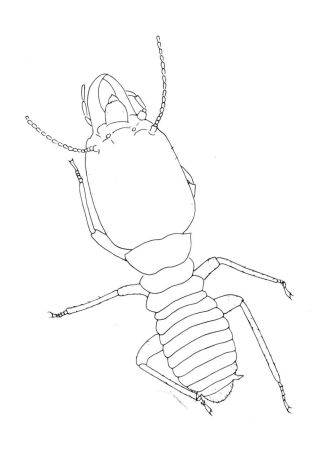

ZHEJIANG UNIVERSITY PRESS
浙江大学出版社

图书在版编目（CIP）数据

浙江白蚁形态分类图鉴 / 包立奎主编. — 杭州 ：
浙江大学出版社，2022.1
ISBN 978-7-308-21676-0

Ⅰ．①浙… Ⅱ．①包… Ⅲ．①白蚁科－浙江－图谱
Ⅳ．①Q969.29-64

中国版本图书馆CIP数据核字（2021）第162185号

浙江白蚁形态分类图鉴

包立奎　主编

责任编辑　季　峥
责任校对　潘晶晶
封面设计　沈玉莲
出版发行　浙江大学出版社
　　　　　（杭州市天目山路148号　　邮政编码　310007）
　　　　　（网址：http：//www.zjupress.com）
排　　版　杭州林智广告有限公司
印　　刷　浙江省邮电印刷股份有限公司
开　　本　889mm×1194mm　1/16
印　　张　11.5
字　　数　294千
版 印 次　2022年1月第1版　2022年1月第1次印刷
书　　号　ISBN 978-7-308-21676-0
定　　价　268.00元

前 言
PREFACE

白蚁与人类活动密切相关，在很多领域都是主要害虫。准确识别白蚁种类、了解其栖息场所是研究和防治白蚁的前提。为此，我国很多昆虫学家对白蚁的分类区系做了大量的基础性工作，积累了丰富的经验与资料，并先后出版了《中国经济昆虫志 第八册 等翅目 白蚁》《中国等翅目及其主要危害种类的治理》《中国白蚁分类及生物学》《中国动物志 昆虫纲 第十七卷 等翅目》《白蚁学》等专著，但尚无一本将白蚁分类与生态相结合的专业原色图鉴。鉴于此，浙江省白蚁防治中心与浙江农林大学开展合作，以浙江全域现存白蚁为对象，编撰了本图鉴，力争让白蚁科研工作者、白蚁防治从业人员以及爱好者能够更好地分辨白蚁类群，为白蚁标本数字化建设奠定基础。

本图鉴的编撰整理工作主要从两个方面入手。一方面是白蚁标本的收集。图鉴中的标本主要通过野外采集和地市收集两种方式取得。在野外采集方面，我们在2017—2019年走遍浙江省域内各个有代表性的地区，东到舟山群岛，南及温州泰顺，西至衢州开化，北达湖州长兴，也走遍了天目山、乌岩岭、清凉峰、古田山、凤阳山-百山祖、大盘山、安吉小鲵等国家级自然保护区，重点关注浙江南部低海拔水域周边山区。在地市收集方面，我们请浙江省11个地市级白蚁防治机构给予支持，帮助收集以散白蚁、乳白蚁、土白蚁等属为主的白蚁标本。历经3年多的努力，我们共计得到2000余份标本，为本图鉴提供了宝贵的素材。另一方面是白蚁标本的整理鉴定。本图鉴以白蚁形态分类特征及量度尺寸为种类鉴定的依据，参考《中国动物志 昆虫纲 第十七卷 等翅目》一书，对上述白蚁标本进行整理、解剖、分类，共计得到4万多张白蚁形态特征照片、500余份白蚁生态生境视频，最后鉴定得到4科16属47种白蚁。

在白蚁标本的收集过程中，我们得到了中国科学院动物研究所黄复生的鼓励，各级白蚁防治机构、林业及自然保护区管理部门的大力支持和帮助，以及昆虫爱好者季光洪的指导。在书稿的撰写过程中，莫建初、黄求应、李志强、程冬保、任庆伟、郭建强、袁晓栋、徐鹏、庞正平、刘向阳、于炜等多位专家提出了很多宝贵的意见和建议。此外，参与该项工作的同志们"刨土剥木山林间，汗雨湿襟足蹒跚"，辛勤劳动，做出了极大的贡献。在此一并表示感谢！

由于我们缺乏经验，本书难免存在一些不足之处，望各位同行、读者批评指正。

编者

2021 年 11 月

目　录
CONTENTS

第一章　浙江白蚁分类概况

第一节　浙江白蚁分类记录　/ 1　　　第三节　白蚁分类体系　/ 11

第二节　白蚁形态分类特征　/ 3

第二章　古白蚁科Archotermopsidae

一、原白蚁属*Hodotermopsis*　/ 14　　　1　山林原白蚁*H. sjostedti*　/ 15

第三章　木白蚁科Kalotermitidae

二、堆砂白蚁属*Cryptotermes*　/ 19　　　三、楹白蚁属*Incisitermes*　/ 23

　2　平阳堆砂白蚁*C. pingyangensis*　/ 20　　　　3　小楹白蚁*I. minor*　/ 24

第四章　鼻白蚁科Rhinotermitidae

四、散白蚁属*Reticulitermes*　/ 27　　　12　小散白蚁*R. parvus*　/ 45

　4　柠黄散白蚁*R. citrinus*　/ 30　　　　13　肖若散白蚁*R. affinis*　/ 47

　5　弯颚散白蚁*R. curvatus*　/ 32　　　　14　卵唇散白蚁*R. ovatilabrum*　/ 50

　6　罗浮散白蚁*R. luofunicus*　/ 35　　　　15　花胸散白蚁*R. fukienensis*　/ 51

　7　大别山散白蚁*R. dabieshanensis*　/ 36　　　16　黄胸散白蚁*R. flaviceps*　/ 52

　8　圆唇散白蚁*R. labralis*　/ 39　　　　17　近黄胸散白蚁*R. periflaviceps*　/ 54

　9　尖唇散白蚁*R. aculabialis*　/ 40　　　五、乳白蚁属*Coptotermes*　/ 56

　10　黑胸散白蚁*R. chinensis*　/ 41　　　　18　台湾乳白蚁*C. formosanus*　/ 57

　11　细颚散白蚁*R. leptomandibularis* / 42　　　19　苏州乳白蚁*C. suzhouensis*　/ 60

第五章　白蚁科Termitidae

六、土白蚁属*Odontotermes*　/ 66　　　21　富阳土白蚁*O. fuyangensis*　/ 73

　20　黑翅土白蚁*O. formosanus*　/ 68　　　22　浦江土白蚁*O. pujiangensis*　/ 74

七、大白蚁属 *Macrotermes* / 75

 23 黄翅大白蚁 *M. barneyi* / 77

 24 浙江大白蚁 *M. zhejiangensis* / 84

八、亮白蚁属 *Euhamitermes* / 86

 25 浙江亮白蚁 *E. zhejiangensis* / 87

九、华扭白蚁属 *Sinocapritermes* / 90

 26 台湾华扭白蚁 *S. mushae* / 91

 27 中国华扭白蚁 *S. sinicus* / 95

 28 天目华扭白蚁 *S. tianmuensis* / 97

十、近扭白蚁属 *Pericapritermes* / 99

 29 古田近扭白蚁 *P. gutianensis* / 100

 30 新渡户近扭白蚁 *P. nitobei* / 101

十一、钩扭白蚁属 *Pseudocapritermes* / 103

 31 大钩扭白蚁 *P. largus* / 104

 32 圆囟钩扭白蚁 *P. sowerbyi* / 106

十二、钝颚白蚁属 *Ahmaditermes* / 108

 33 天目钝颚白蚁 *A. tianmuensis* / 110

 34 天童钝颚白蚁 *A. tiantongensis* / 114

35 凹额钝颚白蚁 *A. foveafrons* / 118

36 屏南钝颚白蚁 *A. pingnanensis* / 122

十三、象白蚁属 *Nasutitermes* / 127

 37 卵头象白蚁 *N. ovatus* / 129

 38 天童象白蚁 *N. tiantongensis* / 130

 39 小象白蚁 *N. parvonasutus* / 132

 40 尖鼻象白蚁 *N. gardneri* / 135

 41 庆界象白蚁 *N. qingjiensis* / 137

十四、夏氏白蚁属 *Xiaitermes* / 141

 42 天台夏氏白蚁 *X. tiantaiensis* / 142

 43 鄞县夏氏白蚁 *X. yinxianensis* / 144

十五、华象白蚁属 *Sinonasutitermes* / 145

 44 夏氏华象白蚁 *S. xiai* / 146

十六、奇象白蚁属 *Mironasutitermes* / 150

 45 异齿奇象白蚁 *M. heterodon* / 152

 46 龙王山奇象白蚁 *M. longwangshanensis* / 157

 47 天目奇象白蚁 *M. tianmuensis* / 161

参考文献 / 166

附　录

一、浙江白蚁种类名录 / 168

二、白蚁形态特征中英文对照 / 170

三、兵蚁形态特征对照图 / 173

第一章
CHAPTER 1
浙江白蚁分类概况

第一节 浙江白蚁分类记录

白蚁是古老且具独特生物学习性的一个类群。它的足迹遍布世界各大动物地理区，但其分布也呈现一定的规律性。地理纬度上，绝大多数白蚁种类分布于南、北纬 45° 之间，种类的多样性和分布的密度会随着纬度的增加而逐渐降低。同一纬度下，白蚁种类和密度又会随着海拔高度的上升而减少。同时，环境湿度也是影响白蚁种类多样性的一个重要因素。

浙江省位于中国东南沿海，地处亚热带季风气候区，常年温暖湿润。自古以来，浙江就有"七山一水二分地"的说法，山多地少，如东北有舟山群岛，南有武夷山脉，西北有天目山脉，中有会稽山脉，区域内大小河流星罗棋布，湖泊众多。温暖、湿润的气候条件，茂盛的植被资源，造就了丰富的白蚁类群。

自古以来，我国就有对白蚁危害状况和防治方法的文字记载。新中国成立后，人们开始关注白蚁种类的研究。浙江一直以来就有很好的白蚁分类学研究基础和传统。例如，20 世纪 60 年代，上海昆虫研究所、中国科学院动物研究所等单位在浙江部分地区做过一些标本的采集工作，并在 1965 年以在浙江庆元采集到的标本定名一新种——弯颚散白蚁（夏凯龄和范树德，1965）。1975—1978 年，浙江开展了较大规模的白蚁标本采集工作，浙江农业大学的李参根据当时 24 个县（市、区）收集到的白蚁标本，进一步调查研究了浙江省的白蚁种类、分布和危害情况，发现了小散白蚁、庆界象白蚁、屏南钝颚白蚁 3 个新种（李参，1979）。之后，利用上述四年采集到的标本，陆陆续续定名得到了平阳堆砂白蚁、浙江亮白蚁、富阳土白蚁和浦江土白蚁等新种（何秀松和夏凯龄，1983；高道蓉和朱本忠，1986；范树德，1988）。1986 年，南京市白蚁防治研究所的高道蓉与参加中国白蚁科技协助中心举办的白蚁培训班的部分学员进行天目山白蚁考察，通过采集到的标本，发现并建立了奇象白蚁新属，得到了异齿奇象白蚁、天目奇象白蚁、天目钝颚白蚁、凹额钝颚白蚁、天目华扭白蚁 5 个新种（高道蓉和何秀松，1990；高道蓉，1988a；高道蓉，1989）。1987 年，高道蓉在浙江龙王山自然保护区调查中，发现并定名龙王山奇象白蚁，在之后的调查中，又发现了安吉象白蚁（高道蓉，1988b；高道蓉和郭建强，1995）。1989 年，衢州白蚁防治研究所董兆梁在衢州发现一大白蚁，并由平正明等人定名为浙江大白蚁（平正明等，1994）。1992 年，根据宁波市白蚁防治研究所霍惠根等人对天童山森林公园采集到的白蚁标本，平正明等人发现并鉴定到了天童钝颚白蚁和天童象白蚁两个新种（平正明和忻争平，1993；周伯锦和徐月莉，1993）。何秀松和高道蓉在整理 1980—1983 年的浙江标本时，发现能危害建筑物木构件的象白蚁亚科的白蚁，并建立了一新属——夏氏白蚁属，他们还以采集地为名，鉴定到鄞县夏氏白蚁和天台夏氏白蚁两个新种（何秀松和高道蓉，1994）。表 1-1 列举了以浙江为模式标本采集地的白蚁种类，共计 21 种。上述新种的鉴定为浙江白蚁种类的调查奠定了坚实的基础。

表 1-1　首次在浙江发现并命名的白蚁种类

序号	种类	定名时间	模式标本地	参考文献
1	弯颚散白蚁	1965 年	丽水市庆元县	夏凯龄和范树德（1965）
2	小散白蚁	1979 年	丽水市龙泉市	李参（1979）
3	庆界象白蚁	1979 年	丽水市龙泉市	李参（1979）
4	屏南钝颚白蚁	1979 年	丽水市龙泉市	李参（1979）
5	柠黄散白蚁	1982 年	丽水市龙泉市	平正明等（1982）
6	平阳堆砂白蚁	1983 年	温州市平阳县	何秀松和夏凯龄（1983）
7	浙江亮白蚁	1983 年	衢州市衢江区	何秀松和夏凯龄（1983）
8	富阳土白蚁	1986 年	杭州市富阳市	高道蓉和朱本忠（1986）
9	浦江土白蚁	1987 年	金华市浦江县	范树德（1988）
10	异齿奇象白蚁	1988 年	杭州市临安区	高道蓉和何秀松（1990）
11	天目奇象白蚁	1988 年	杭州市临安区	高道蓉和何秀松（1990）
12	天目钝颚白蚁	1988 年	杭州市临安区	高道蓉（1988a）
13	凹额钝颚白蚁	1988 年	杭州市临安区	高道蓉（1988a）
14	龙王山奇象白蚁	1988 年	湖州市安吉县	高道蓉（1988b）
15	天目华扭白蚁	1989 年	杭州市临安区	高道蓉（1989）
16	天童钝颚白蚁	1993 年	宁波市鄞州区	平正明和忻争平（1993）
17	天童象白蚁	1993 年	宁波市鄞州区	周伯锦和徐月莉（1993）
18	浙江大白蚁	1994 年	衢州市衢江区	平正明等（1994）
19	鄞县夏氏白蚁	1994 年	宁波市鄞州区	何秀松和高道蓉（1994）
20	天台夏氏白蚁	1994 年	台州市天台县	何秀松和高道蓉（1994）
21	安吉象白蚁	1995 年	湖州市安吉县	高道蓉和郭建强（1995）

　　浙江的白蚁种类，最早在 Light（1929）的《中国的白蚁》一文中提到有台湾乳白蚁和黑翅土白蚁两种。而后，March（1933）在其《华东地区白蚁观察》中记载台湾乳白蚁、黑胸散白蚁、黄胸散白蚁、黑翅土白蚁、黄翅大白蚁 5 种。1959 年，浙江农业大学的唐觉和李参对杭州地区的白蚁种类及其危害情况做了一些调查报道（唐觉和李参，1959a、1959b）。李参（1979）认为浙江分布 25 种白蚁，林树青（1987）认为浙江白蚁有 34 种。另外，董兆梁（1986）、高四维（1997）、任庆伟和黄海根（2000）等分别报道了衢州市、杭州市和金华市的白蚁种类。特别是在黄复生等（2000）编著的《中国动物志　昆虫纲　第十七卷　等翅目》一书中，记载浙江白蚁为 37 种。宋晓钢（2002）在 1998—2001 年浙江省白蚁种类区系分布现状调查中发现，浙江白蚁有 59 种。程冬保等（2014）对浙江属、种修正后发现有 16 属 57 种。宋立（2015）主编出版的《浙江白蚁》一书中报道了浙江白蚁有 62 种。从浙江白蚁种类的发展中可以看出，浙江确实是白蚁种类分布较为丰富的省份，也涌现出了一大批白蚁采集、防治和分类的专家学者。例如，"散白蚁"名称就是来源于浙江东阳一些白蚁防治人员。他们根据实践经验认为，这类白蚁缺乏大型巢穴，群体较小，散居于树根和腐木地下，所以称为散白蚁。

第二节　白蚁形态分类特征

白蚁分类可以利用形态学、生物学或分子系统学等方法来进行，其中形态学是白蚁分类的主要方法。形态分类特征是区分物种差异的形态表征。与生物个体独自拥有的特征不同，它具有系统性，代表了生物不同类群的发育阶段和进化水平。白蚁种类的鉴定主要依据白蚁个体多项形态分类特征的量度、颜色和形态来实现，也就是白蚁形态量度法。

白蚁也是一类具有多形态结构的社会性昆虫。多形态结构指的是同一种类、同一巢群内白蚁个体形态上具有明显的差异，也就是具有品级分化。一般而言，一个白蚁群体内具有兵蚁、繁殖蚁（成虫）和工蚁三个品级，其他的如卵、幼蚁、若蚁是白蚁个体发育中的不同阶段，不能称为品级。社会性昆虫，意味着白蚁个体是群体生活的，聚集于一个蚁巢内，而且各个品级在群体内的作用是不同的，具有明显的社会分工。品级，除了表明社会分工外，分类学上也用于白蚁形态量度。兵蚁和成虫是白蚁分类常用的两个品级，工蚁有时也用于白蚁分类鉴定。

本图鉴主要利用兵蚁和成虫两个品级来进行白蚁的鉴别，同时，在一些种类中，也辅助使用了工蚁的分类特征。叙述方式依次为：①兵蚁。兵蚁整体的形态和各部分颜色，兵蚁头部形态及头部分类特征（包括囟孔、后颏、上唇、上颚和触角等），兵蚁胸部的分类特征（主要是前胸背板和后足）。②成虫（如有）。成虫整体的形态和各部分颜色，成虫头部形态及头部分类特征（包括囟孔、单眼、复眼、上唇、上颚和触角等），成虫胸部的分类特征（包括前胸背板、后足和翅）。③工蚁（部分类群）。工蚁整体的形态和各部分颜色，工蚁头部形态及头部分类特征（包括后颏、上唇、上颚和触角等），工蚁胸部的分类特征（主要是前胸背板和后足）。为方便读者查阅，本图鉴特附白蚁分类特征中英文对照表（见附录二）。

（一）兵蚁

兵蚁是白蚁分类最常用的品级，原因有二。一是兵蚁是一类蜕变型品级，在昆虫世界中较为独特。为了满足防卫功能，个体的头部和胸部发生了剧烈的变化，完全脱离了原始形态。这些变化在不同类群间的区别很大，而且又比较稳定，可以作为种类鉴别的依据。二是兵蚁易于被发现和采集。一个白蚁群体中，兵蚁是较为常见的品级，它的出现不会受到季节影响，且数量众多。但也有一些白蚁种类没有兵蚁这一品级，或者兵蚁数量较少，所以，在这些种类中需要使用其他品级来进行种类鉴定。

形态上，兵蚁分为头部、胸部和腹部三个部分。由于不同类群白蚁兵蚁形态差异较大，本图鉴仅以我国分布广泛的散白蚁兵蚁为例，来描述其外部形态结构（见图1-1）。头部是兵蚁取食、感觉和防卫的主要部分，由头壳、触角、上颚、上唇、与进食相关组织所构成。胸

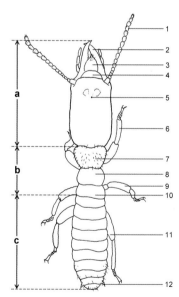

图1-1　兵蚁示意图（散白蚁）（潘程远绘）
a.头部；b.胸部；c.腹部

1.触角；2.上颚；3.上唇；4.唇基；5.囟孔；
6.前足；7.前胸背板；8.中胸背板；9.中足；
10.后胸背板；11.后足；12.尾须

部可以分为三个节段，从头往后，分别为前胸、中胸和后胸；每个胸节背面有一骨块，分别称为前胸背板、中胸背板和后胸背板；每个胸节腹面分别着生 1 对胸足，称为前足、中足和后足。腹部 10 节，在第 10 节腹板侧缘着生 1 对尾须。

兵蚁的形态分类特征主要体现在以下七个方面。每个方面都有一些具体的形态特征及其量度值，用于评价科、属或种水平上的白蚁分类。

1. 头壳

头壳是兵蚁蜕变发生的主要部位。不同类群白蚁**头壳的形态**、**颜色**差异很大，主要用于高级阶元（如科、属水平上）的鉴别。例如，堆砂白蚁属兵蚁头壳短而厚、近方形，前部黑褐色，后部棕黄色；散白蚁属兵蚁头壳长方形、淡黄色；乳白蚁属兵蚁头壳卵圆形、淡黄色；钝颚白蚁属兵蚁额部向前延伸成象鼻，头壳梨形、黄褐色；奇象白蚁属兵蚁头壳象鼻状、宽圆形、栗褐色（见图 1-2）。本图鉴中 16 个属兵蚁头壳形态见附录三（见附图 1）。

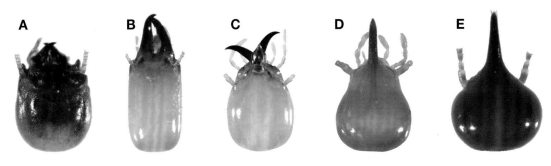

图 1-2　兵蚁头壳形态与颜色
A. 堆砂白蚁属；B. 散白蚁属；C. 乳白蚁属；D. 钝颚白蚁属；E. 奇象白蚁属

种水平上的鉴别，还可以依据**头宽**、**头长至上颚基**两个量度特征来进行。在一些种类鉴定中，会采用**头阔指数**。它是指头阔与头长至上颚基的比值，反映了头壳长与宽的比例。在绝大多数白蚁种类鉴别中，会采用头宽、头长至上颚基这两个测量值，它们是两个非常重要的形态分类特征（见图 1-3）。

2. 后颏

后颏是下唇的基板，位于头壳腹面。兵蚁后颏往往随头形变化而变化，一般呈长条形。后颏之后为后头孔，是头部与胸部的结合部位，也是头部物质进入胸部的通道（见图 1-3）。一些白蚁种类鉴定中，如散白蚁、乳白蚁、土白蚁、大白蚁等，**后颏长**、**后颏最宽**、**后颏最狭**也是三个形态分类特征。**腰缩指数**是指后颏最宽与后颏最狭的比值，也常用于白蚁分类。

3. 上唇

上唇位于头背面正前方中央，从唇基前方伸出，一般

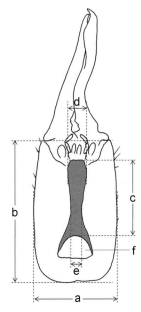

图 1-3　兵蚁头壳和后颏（阴影部分）形态
分类特征量度（钩扭白蚁）（潘程远绘）
a. 头宽；b. 头长至上颚基；c. 后颏长；
d. 后颏最宽；e. 后颏最狭；f. 后头孔

呈舌状（见图 1-4）。**上唇长**和**上唇宽**作为两个量度值经常用于一些白蚁种类的鉴定。同时，**上唇形态**以及**端部的毛序**也是重要的分类特征。例如，散白蚁属种类鉴别中依据上唇是舌状还是矛状，以及上唇是否具有侧端毛或者亚端毛等特征。

4. 上颚

上颚位于头壳正前方、上唇的两侧。在功能和形态上，兵蚁上颚同成虫和工蚁上颚存在明显差异。兵蚁上颚主要用于撕、咬、钳、扭等机械防卫，不用于取食。为了适应这种防卫功能，形态上，大多数兵蚁上颚比成虫和工蚁上颚要更大、更粗壮。在科、属水平上，兵蚁**上颚形态**也很不一样，有左、右上颚对称型的，也有非对称型的（见图 1-5）。它们的发育较为稳定，可以作为科、属鉴别的重要依据。本图鉴中 16 个属兵蚁上颚形态见附录三（见附图 2）。

上述具有强壮上颚的兵蚁称为上颚兵，还有一类白蚁，其兵蚁上颚退化成骨片，既不用于取食，也不用于防卫，如象白蚁亚科，这类兵蚁称为象鼻兵。象鼻兵的**上颚骨片端刺形态**也可以作为一种分类特征（见图 1-5）。

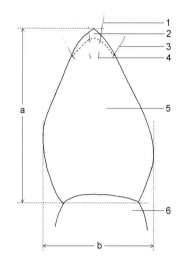

图 1-4 兵蚁上唇形态分类特征量度
（散白蚁）（潘程远绘）
a. 上唇长；b. 上唇宽

1. 端毛；2. 透明区；3. 侧端毛；
4. 亚端毛；5. 上唇；6. 唇基

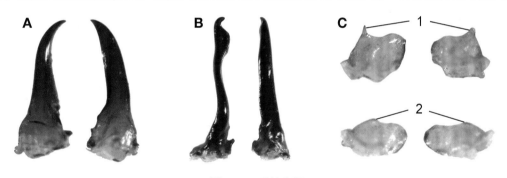

图 1-5 兵蚁上颚
A. 对称型上颚（散白蚁）；B. 非对称型上颚（华扭白蚁）；C. 退化成骨板的上颚（象白蚁）
1. 端刺尖锐；2. 端刺不显或圆钝

除了上颚形态可以作为高级阶元分类特征外，兵蚁**左、右上颚长**可以作为种间鉴别的分类特征（见图 1-6）。

5. 触角

触角位于头顶前方两侧，分节，念珠状。从头基部到端部，触角可以分为第 1 节、第 2 节等各节，而且人为地将第 1 节称为柄节，第 2 节称为梗节，其余节段统称为鞭节（见图 1-7）。在高级阶元水平上，兵蚁**触角节数**是一个重要的分类特征（黄复生

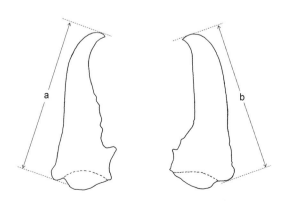

图 1-6 兵蚁上颚形态分类特征量度（散白蚁）（潘程远绘）
a. 左上颚长；b. 右上颚长

等，1988）。原始类群的白蚁，如澳白蚁科的兵蚁触角多达23节；但某些进化的类群，其触角节数很少，一般十几节。所以，兵蚁一般由触角节数从多向少的方向进化发展。本图鉴记录的16属中，较为低等的原白蚁属的兵蚁触角有24节，堆砂白蚁属11～15节，楹白蚁属10～17节，散白蚁属14～19节（以15～16节为主），乳白蚁属13～17节，土白蚁属15～18节（以16～17节为主），大白蚁属17节，亮白蚁属、近扭白蚁属、钩扭白蚁属、华扭白蚁属等食土性白蚁都以14节为主，象白蚁亚科各属以13节为主（偶有12或14节）。本图鉴中16个属的兵蚁触角形态见附录三（见附图3）。在一些属内种间的白蚁鉴别中，也有以前5节相对长度为分类特征。

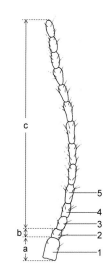

图1-7 兵蚁触角形态分类
特征量度（潘程远绘）
a.柄节；b.梗节；c.鞭节
1～5.第1～5节

6. 前胸背板

前胸背板是位于前胸背面的一个骨块，形态明显。在属水平上，兵蚁**前胸背板形态**较为固定，是一个重要分类特征。一般而言，兵蚁前胸背板可以分为两种类型：一种是形态扁平，无上翘前叶，为低等白蚁所有；另一种是马鞍形，具上翘前叶，为白蚁科所有。本图鉴中16个属兵蚁前胸背板形态见附录三（见附图4）。前胸背板**前缘与后缘中央凹口程度、中区毛的数量、前胸背板量度值（宽、最长和中长）**可用于种水平上的鉴别（见图1-8）。

7. 胸足

胸足是位于胸部各节腹面的附肢，前胸着生的为前足，中胸着生的为中足，后胸着生的为后足。白蚁胸足用于爬行，为步行足。从体基部到端部，胸足可以分为基节、转节、腿节、胫节、跗节、爪六个部分（见图1-9）。胸足各节着生了很多毛序，特别是在胫节上，长得较为细长的毛称为刺，在胫节端部，长得较为粗大的称为距。前足、中足、后足上距的数量排列称为胫节距式，如**3：2：2。胫节距式**是属间识别的一个重要分类特征。跗节还可以细分为不同的亚节。**跗节中的亚节数**是科间识别的一个重要分类特征，这在下一节中会详细描述。在种间水平上，后足胫节长是一个常用分类特征量度。

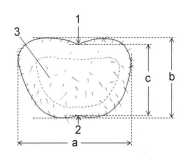

图1-8 兵蚁前胸背板形态分类特征量度（左：扁平形；右：马鞍形）（潘程远绘）
a.前胸背板宽；b.前胸背板长；c.前胸背板中长
1.前缘中央凹口；2.后缘中央凹口；3.中区；4.前叶

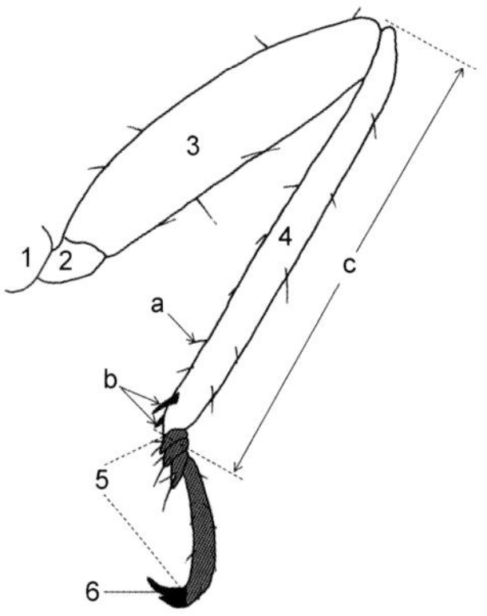

图1-9 兵蚁后足形态分类
特征量度（潘程远绘）
a.刺；b.距；c.后足胫节长
1.基节；2.转节；3.腿节；
4.胫节；5.跗节；6.爪

（二）成虫

白蚁分类中另一个常用的品级是成虫。成虫作为分类品级具有两个优点：第一，成虫是白蚁个体发育的终点，其形态结构较为固定；第二，所有白蚁种类都能产生成虫，能进行系统的比较分析。但是，成虫作为白蚁分类品级也存在一些不足：第一，成虫只在一定时间内出现，而且不同白蚁种类，成虫在巢内出现时间也不一致，所以难以采集；第二，成虫作为原始型品级的代表，其形态结构与原始祖先差异不大，导致不同白蚁种类间成虫形态相似，难以分辨。

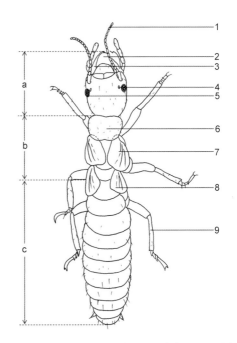

图 1-10　成虫示意图（散白蚁）（潘程远绘）

a. 头部；b. 胸部；c. 腹部

1. 触角；2. 上唇；3. 上颚；4. 单眼；5. 复眼；
6. 前胸背板；7. 前翅鳞；8. 后翅鳞；9. 后足

形态上，成虫也分为头部、胸部、腹部3个部分，每个部分着生的附肢与兵蚁相似，这里不再描述。但是，也有一些特征与兵蚁不同。例如，成虫头部两侧复眼大而突出，复眼内侧头顶一般含有透明的1对单眼；成虫中、后胸背面分别着生1对翅，称为前翅和后翅，当翅脱落，胸背面会留有翅鳞（见图1-10）。

成虫的一些形态分类特征比较适合科水平上的分类鉴定，如囟孔（有或无）、单眼（有或无）以及跗节数等。大部分的分类特征适合属水平上的分类鉴定。还有一些形态量度值，则用于种水平的分类鉴定。科水平上分类特征将在下一节中描述，下面将对一些属、种水平上的分类特征进行描述。

1. 体长与体色

成虫体一般比兵蚁或工蚁长，颜色更深，多为淡黄褐色至黑褐色。在科、属水平上，成虫**体长**（不连翅）以及**体色**差异较大（见图1-11），是重要的高级阶元分类特征，但有时这些分类特征也用于种水平上的鉴别。

图 1-11　脱翅成虫

A. 堆砂白蚁；B. 散白蚁；C. 乳白蚁；D. 钝颚白蚁

2. 头壳

成虫头部多毛，呈近圆形或近方形。一些种类中，囟孔在头顶中央清晰可见。复眼前方有一相当浅的触角窝，用于着生触角。在种水平上，头壳的一些形态量度值常作为分类依据，例如**头宽连复眼**、**头宽不连复眼**、**头长至上唇尖**和**头长至上颚基**等（见图1-12）。

3. 单眼和复眼

单眼位于头顶复眼内侧，通常为卵圆形、透明或淡色。复眼位于头中间两侧，黑色、突出。单眼和复眼中的量度值常用于种水平上的白蚁鉴定，例如**单眼长径**、**单眼短径**、**单复眼间距**、**复眼长径**、**复眼短径**以及**复眼距头下缘**等（见图1-13）。

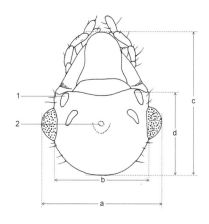

图1-12　成虫头壳形态分类特征量度
（潘程远绘）
a. 头宽连复眼；b. 头宽不连复眼；
c. 头长至上唇尖；d. 头长至上颚基
1. 触角窝；2. 囟孔

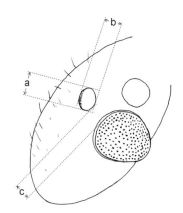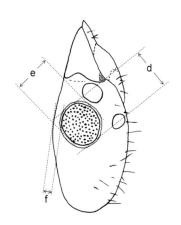

图1-13　成虫单眼和复眼形态分类特征量度（潘程远绘）
a. 单眼长径；b. 单眼短径；c. 单复眼间距；d. 复眼长径；e. 复眼短径；
f. 复眼距头下缘

4. 触角

成虫触角多毛，结构特点及量度方法同兵蚁触角（见图1-7）。成虫**触角节数**在科、属水平上较为固定，可作为高级阶元的白蚁分类特征。与兵蚁相似，越原始或低等的白蚁，成虫的触角节数越多，越高等的白蚁，成虫的触角节数越少，如澳白蚁可达32节，而钝颚白蚁只有15节。一般而言，成虫的触角节数要等于或多于同种白蚁兵蚁或工蚁的触角节数。但是，在种水平上，很少使用触角节数或者前几节的相对长度来进行白蚁鉴定。

5. 上颚

成虫上颚位于头前端，被上唇覆盖，主要用于取食。形态上，左、右上颚看似相同、对称，实际上并不一样。除了外形上有差异外，更为重要的是，左、右上颚内缘缘齿的数量、着生位置很不一样。例如，散白蚁左上颚具3枚缘齿，且都较为突出，右上颚在端齿下有一短小的辅齿，缘齿2枚，其中第2缘齿下沿平直，颚齿板明显（见图1-14）。

成虫上颚保持了较为原始的状态。在属水平上，形态较为固定；但属与属间的形态差异较为

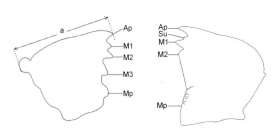

图1-14　成虫上颚形态分类特征量度（散白蚁）
（潘程远绘）
Ap. 端齿；Su. 辅齿；M1. 第1缘齿；M2. 第2缘齿；
M3. 第3缘齿；Mp. 颚齿板；a. 左上颚长

明显，如图 1-15 所示，除了同为象白蚁亚科的象白蚁属和钝颚白蚁属成虫上颚相似外，其余各属成虫上颚在颜色，左、右上颚缘齿形态及大小上都存在很大差异；属内种间，成虫上颚几乎没有差异。所以，**成虫上颚的颜色，左上颚长，左、右上颚缘齿形态**适合作为属水平上的分类特征，不适合定种分类。

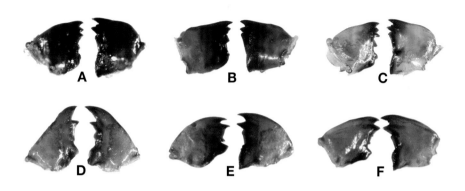

图 1-15　成虫上颚

A. 原白蚁属；B. 楹白蚁属；C. 散白蚁属；D. 华扭白蚁属；E. 象白蚁属；F. 钝颚白蚁属

6. 翅

白蚁只有在成虫阶段才产生翅。翅是成虫体背侧（中、后胸背面）的外长物，为薄膜质，形状狭长，翅面平坦或密布刻点。静止时，翅平贴于背面，向后延伸，超出腹部末端。翅脉是翅面上纵横走向的条纹，起到飞行支撑的作用。翅脉在翅面上的分布形式，称为脉序或脉相。越原始的白蚁，脉相越复杂。例如堆砂白蚁的翅，前翅具有亚前缘脉（Sc 脉）、径脉（R脉）、径分脉（Rs 脉）、中脉（M 脉）和肘脉（Cu脉）等纵向翅脉，而且肘脉多分叉，后翅除了亚前缘脉与前缘融合外，其余翅脉与前翅相似（见图 1-16）。成虫前、后翅的形态、大小、颜色以及脉相都较为相似，所以将白蚁称为等翅目昆虫。在科、属水平上，翅长、翅宽、翅的颜色和脉相等特征都是重要的分类依据，但很

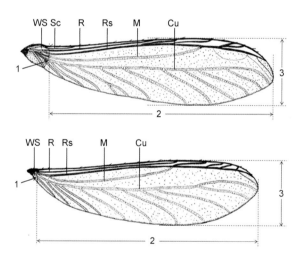

图 1-16　成虫前翅（上）和后翅（下）形态分类特征量度（堆沙白蚁）（仿 Krishna 和 Weesner，1969）

WS. 翅鳞；Sc. 亚前缘脉；R. 径脉；Rs. 径分脉；
M. 中脉；Cu. 肘脉
1. 基缝（肩缝）；2. 翅长；3. 翅宽

少用于种水平上的鉴定，而翅长和翅宽有时也会作为定种鉴别的参考依据。

在前、后翅的基部都有 1 条横缝，称为基缝或肩缝。翅由基缝处脱落，脱落后留于成虫背面呈三角形的翅基称为翅鳞。前、后翅鳞的大小是科级水平上白蚁鉴定的重要分类特征。

7. 前胸背板

成虫前胸背板显著，多毛，与兵蚁前胸背板相似，也可以分为扁平形和马鞍形（见图 1-17）。成虫前胸背板一般不作为分类特征加以使用。但在一些白蚁种类中，成虫**前胸背板的颜色**可作为辨

别白蚁类群的参考。例如，散白蚁属中，前胸背板黄色的为隆额亚属，黑褐色的为平额亚属。同时，**前胸背板宽和长**能作为白蚁分类的衡量指标，不能作为分类特征。

8. 胸足

胸足的**跗节数**和**胫节距式**是重要的科级水平上的分类特征。后足胫节长只是白蚁分种鉴定的一个量度依据，不能作为重要的分类依据。胸足的其他形态特征很少用于白蚁分类鉴定。

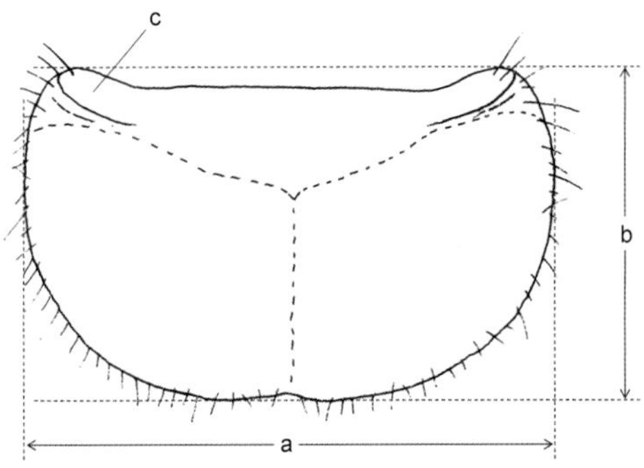

图 1-17　成虫前胸背板形态分类特征量度
（钩扭白蚁）（潘程远绘）
a. 前胸背板宽；b. 前胸背板长；c. 前叶

（三）工蚁

工蚁同成虫一样，是一种原始型品级，外部形态也与成虫相似，这里不再赘述。但是，并非所有种类都含有工蚁这一品级，如古白蚁科、木白蚁科、齿白蚁科和胃白蚁科中就没有工蚁，它们由拟工蚁代执行工蚁作用。低等白蚁中，工蚁一般不用于白蚁分类。高等白蚁中，工蚁的发育较为恒定，属与属之间存在一些形态差异，可用于白蚁分类。工蚁常用的分类特征有以下几类。

1. 上颚

工蚁上颚主要用于取食，所以形态上与成虫上颚基本一致。例如，散白蚁工蚁左、右上颚分别具有 3 枚和 2 枚缘齿，形态和数量与其成虫上颚完全一样（见图 1-15 和图 1-18）。各属间，工蚁上颚形态存在差异。究其原因，应与它们的取食性以及亲缘关系相关：取食习性相同，上颚形态较为相似；亲缘关系越接近，上颚也越相近。例如，食土性的亮白蚁上颚细长，食木性的散白蚁、象白蚁、钝颚白蚁上颚则粗短，而且同为象白蚁亚科的象白蚁和钝颚白蚁，它们的左、右缘齿几乎一致（见图 1-18）。所以，工蚁上颚更适合用于科、属水平上的分类鉴定。

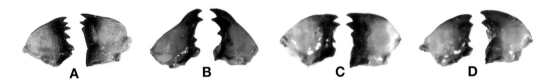

图 1-18　工蚁上颚
A. 散白蚁属；B. 亮白蚁属；C. 象白蚁属；D. 钝颚白蚁属

2. 触角

工蚁触角色淡，多毛，节数不固定。低等白蚁中，工蚁进化并不完全，它们的触角会随着个体发育而增长，触角节数也会增加。一般来说，种类越原始，工蚁触角节数越多；类群越进化，工蚁触角节数越少。白蚁科中，工蚁作为一个固定品级，发育恒定，且很多种类存在大、小工蚁，每个属中，工蚁触角节数比较固定，并有一定的差异，可以作为属水平上分类鉴定的参考。

3. 其他特征

工蚁的其他一些量度特征，如头长至上唇尖、头宽、前胸背板宽、后足胫节长等，也辅助用于白蚁的分类鉴定，具体量度方法参照兵蚁和成虫。

第三节　白蚁分类体系

白蚁分类最早开始于 Linnae1758 年设立的白蚁属 *Termes*，经历一系列变化，至 1895 年，由 Comstock 确立了等翅目 Isoptera，该目才被人们接受，沿用至今。在现代昆虫分类体系中，人们依据形态学和进化发育关系，认为等翅目为蜚蠊目的一个分支，将其归入蜚蠊目。

对于现生种类的等翅目分科体系，不同时期，不同学者，分法各异。较为普遍的有 Snyder（1949）提出的 5 科体系：澳白蚁科 Mastotermitidae、草白蚁科 Hodotermitidae、木白蚁科 Kalotermitidae、鼻白蚁科 Rhinotermitidae 和白蚁科 Termitidae；Grassé（1949）的 6 科体系：澳白蚁科、草白蚁科、原白蚁科 Termopsidae（从草白蚁科中分出）、木白蚁科、鼻白蚁科和白蚁科；Emerson（1965）的 7 科体系：澳白蚁科、草白蚁科、原白蚁科、木白蚁科、鼻白蚁科、齿白蚁科 Serritermitidae 和白蚁科；Engel 等（2009）的 9 科体系：澳白蚁科、古白蚁科 Archotermopsidae（由原白蚁科的古白蚁属 *Archotermopsis*、原白蚁属 *Hodotermopsis* 和动白蚁属 *Zootermopsis* 组成）、草白蚁科、胃白蚁科 Stolotermitidae（由原白蚁科的洞白蚁属 *Porotermes* 和胃白蚁属 *Stolotermes* 组成）、木白蚁科、杆白蚁科 Stylotermitidae（鼻白蚁科中的杆白蚁属 *Stylotermes*）、鼻白蚁科、齿白蚁科和白蚁科。本图鉴采用 Engel 的 9 科分类体系，将白蚁纳入蜚蠊目中。但为了便于理解和接受，有时仍将等翅目与白蚁等同在一起，请读者知晓。

等翅目分科检索表
兵　蚁

1. 跗节 5 节 …………………………………………………………………………………………………	2
跗节 3～4 节 …………………………………………………………………………………………………	3
2. 前胸背板等于头宽，马鞍形，尾须 4 节，触角 20～26 节 …………	**澳白蚁科 Mastotermitidae**
前胸背板狭于头宽，扁平，尾须 4～8 节，触角 19～27 节 ………	**古白蚁科 Archotermopsidae**
3. 头部无囱 ……………………………………………………………………………………………………	4
头部有囱 ……………………………………………………………………………………………………	6
4. 尾须短，2 节，触角 10～21 节 ……………………………………………	**木白蚁科 Kalotermitidae**
尾须长，1～8 节，触角 19～33 节 …………………………………………………………………	5
5. 前胸背板扁平，头顶稍平，后足腿节肿大，尾须 4～5 节，触角 13～19 节 ………	**胃白蚁科 Stolotermitidae**
前胸背板前叶微翘起，头顶扁平，后足腿节不肿大，尾须 1～5 节，触角 22～23 节…	**草白蚁科 Hodotermitidae**
6. 前胸背板扁平 ……………………………………………………………………………………………	7
前胸背板马鞍形 ……………………………………………………	**白蚁科 Termitidae**
7. 上颚沿整个内缘有锯齿 ……………………………………………	**齿白蚁科 Serritermitidae**
上颚内缘无锯齿或仅在内缘基部有少数小齿 ……………………………………………………	8
8. 跗节 3 节 …………………………………………………………	**杆白蚁科 Stylotermitidae**
跗节 4 节 …………………………………………………………	**鼻白蚁科 Rhinotermitidae**

等翅目分科检索表
有翅成虫

1. 后翅有臀叶，跗节明显分为 5 节，触角 29～32 节，左上颚有 2 枚缘齿 ·············· **澳白蚁科 Mastotermitidae**

   后翅无臀叶，跗节为发育不完全的 5 节或 4 节，触角 11～32 节，左上颚有 2～3 枚缘齿 ··················· 2

2. 头部无囟 ·· 3

   头部有囟 ·· 6

3. 有单眼，尾须 2 节，触角 11～24 节，左上颚有 2 枚缘齿，右上颚无附齿，跗节 4 节 ····· **木白蚁科 Kalotermitidae**

   无单眼，尾须 1～8 节，触角 13～32 节，左上颚有 3 枚缘齿，跗节 4～5 节 ················ 4

4. 跗节 4 节 ·· 5

   跗节 5 节，有时较模糊 ·· **古白蚁科 Archotermopsidae**

5. 尾须 1～5 节，触角 23～32 节，右上颚无附齿 ··· **草白蚁科 Hodotermitidae**

   尾须 4～5 节，触角 13～19 节，右上颚有附齿 ··· **胃白蚁科 Stolotermitidae**

6. 前翅鳞与后翅鳞重叠，翅膜网状，前胸背板扁平 ·· 7

   前翅鳞与后翅鳞不重叠，翅膜非网状，前胸背板马鞍形 ·························· **白蚁科 Termitidae**

7. 跗节 4 节 ·· 8

   跗节 3 节 ·· **杆白蚁科 Stylotermitidae**

9. 左、右上颚端齿长，左上颚有 1～2 枚缘齿，右上颚无附齿 ···················· **齿白蚁科 Serritermitidae**

   左、右上颚端齿短，左上颚有 3 枚缘齿，右上颚有附齿 ·························· **鼻白蚁科 Rhinotermitidae**

　　本图鉴记录浙江 4 科白蚁，分别为古白蚁科、木白蚁科、鼻白蚁科和白蚁科。

　　基于兵蚁分类特征的分科鉴别依据主要有（见图 1-19）：①跗节数；②头部有无囟孔；③前胸背板形态。除古白蚁科中的原白蚁跗节 5 节外，其余 3 科白蚁的跗节数均为 4 节。木白蚁科中的堆砂白蚁和楹白蚁头部没有囟孔，这是区别于木白蚁科和鼻白蚁科的主要特征。白蚁科与鼻白蚁科的区别在于前胸背板形态不同：白蚁科的前胸背板有前叶，且上翘，呈马鞍形；鼻白蚁科的前胸背板无前叶，扁平。

　　基于成虫分类特征的分科鉴别依据主要有（见图 1-20）：①头部有无囟孔；②有无单眼；③前胸背板形态；④翅膜形态。一般较为原始白蚁的成虫，头顶无囟孔，如古白蚁科的原白蚁、木白蚁科的堆砂白蚁和楹白蚁。古白蚁科和木白蚁科的区别在于：古白蚁科成虫头部无单眼，而木白蚁科成虫有 1 对单眼，位于复眼附近。鼻白蚁科和白蚁科成虫头顶都有囟孔，它们的区别在于：鼻白蚁科成虫前胸背板扁平，且翅膜呈网格状，如散白蚁和乳白蚁；白蚁科成虫前胸背板前缘具前叶，上翘，呈马鞍形，且翅膜非网格状，如华扭白蚁、钝颚白蚁、土白蚁、大白蚁等。

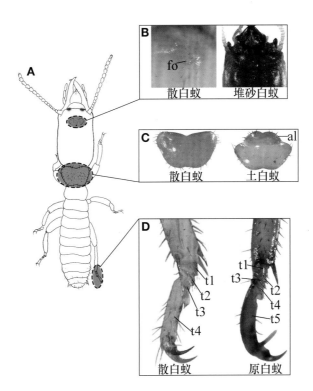

图 1-19　基于兵蚁的分科分类特征

A. 兵蚁（散白蚁）；B. 头部囟孔；C. 前胸背板：扁平（散白蚁）和马鞍形（土白蚁）；

D. 跗节数：4 节（散白蚁）和 5 节（原白蚁）

fo：囟孔；al：前叶；t1 ~ 5：跗节亚节

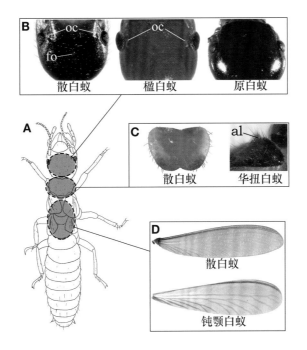

图 1-20　基于成虫的分科分类特征

A. 脱翅成虫（散白蚁）；B. 头部囟孔与单眼；C. 前胸背板：扁平（散白蚁）和马鞍形（华扭白蚁）；

D. 翅膜：网状（散白蚁）和非网状（钝颚白蚁）

oc：单眼；fo：囟孔；al：前叶

第二章

CHAPTER 2

古白蚁科 Archotermopsidae

古白蚁科为由 Engel 等人于 2009 年新建立的一个科，包括古白蚁属 *Archotermopsis*、原白蚁属 *Hodotermopsis* 和动白蚁属 *Zootermopsis* 共三个属。本图鉴记录 1 属，即原白蚁属。

一、原白蚁属 *Hodotermopsis*

原白蚁属仅一个现生种，即山林原白蚁。李参（1982）对分布于浙江的山林原白蚁栖息地及各品级进行了详细描述。原白蚁一般生活在高海拔（800～1200m）潮湿森林内，常在阴湿的溪边、山沟或林内建巢，且蛀食潮湿原木，俗称湿木白蚁。该属白蚁除危害原始森林及次生林的生活树木外，也蛀食树桩，甚至危害民房及古建筑。其常自地下蚁路沿木质部向上蛀食，对活树的危害初时不易察觉，仅见皮外有少量排泄物（见图 2-1）。原白蚁无定型巢，蚁群集中部位便是其蚁巢，受害木材呈不规则片状通道。

图 2-1　原白蚁栖息环境（左）和蚁道排泄物（右）

1 山林原白蚁 *H. sjostedti*

山林原白蚁群体由卵、幼蚁、若蚁、兵蚁及成虫等组成，无工蚁品级，工蚁的功能由若蚁代替。该白蚁耐寒性强，即使在冬季也可活动，在浙江龙泉地区，在 8—9 月巢内可找到有翅成虫，其分飞时间在早晨 6:00—7:00（见图 2-2）。

图 2-2 若蚁、兵蚁（左）和有翅成虫（右）

兵蚁

体长 13.5～15mm（不包括触角）；头前部黑色，后部赤褐色；上唇及触角褐黄色；上颚黑色；胸、足黄色，杂有褐色；腹部乳白色；消化道褐色，内含物隐约透出（见图 2-3）。

兵蚁头部：头呈近方卵形、扁平，一般最宽处在头的后端或后端与中段间，向前逐渐缩窄，向后两侧呈圆弧形，头后缘呈圆弧形弓出，头顶扁平，中央有一凹坑，后颊前宽区呈正方形，

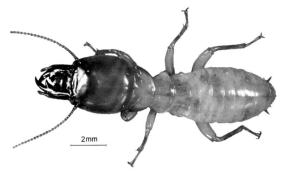

图 2-3 兵蚁整体背面观

其中间侧缘略凹入，中后段较窄，最狭处在后端约 1/5 处，侧面观其头顶及额较平直（见图 2-4）。

上唇呈覆匙状，两侧呈圆弧形，前缘呈弧形，某些个体前缘中央下侧具一小泡状突出；前缘背面具密集毛，后背部毛稀少；上颚内缘齿变化也很大，本标本中左上颚近中上部有一较大的缘齿，往下有逐渐变小的缘齿，右上颚近中部有一端部钝状或稍内凹的缘齿，往下有一稍小的缘

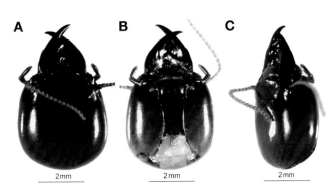

图 2-4 兵蚁头部
A. 背面观；B. 腹面观及后颊；C. 侧面观

齿；触角 24 节，第 2、5 节最短，第 4 节长，且中间有一凹痕（见图 2-5）。

兵蚁胸部：足呈黄色，胫节距式 3：5：4（见图 2-6）；前胸背板呈小半圆形，前缘较平直，侧缘及后缘圆出，后缘中间浅凹入，中后胸背板呈橄榄球形，后足胫节有 3 个胫刺，具 4 个端距（见图 2-7）。

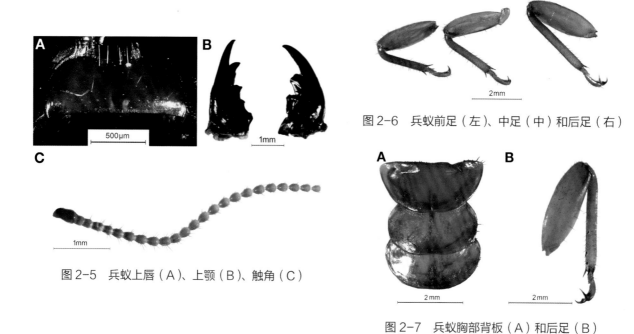

图 2-6　兵蚁前足（左）、中足（中）和后足（右）

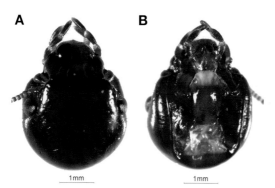

图 2-5　兵蚁上唇（A）、上颚（B）、触角（C）

图 2-7　兵蚁胸部背板（A）和后足（B）

成虫

　　体长 12 ~ 13.5mm，褐色，头和翅基色较深；腹部背面可见 10 节，第 7 腹板最宽，如将第 7 腹板翻开，能见 1 个 "八" 字形骨片，雌虫第 9 腹板内方骨片可能是退化的产卵瓣，雄虫第 9 腹板有 1 对不分节的短刺突，雌、雄成虫第 10 腹板两侧有 1 对 5 节的尾须（见图 2-8）。

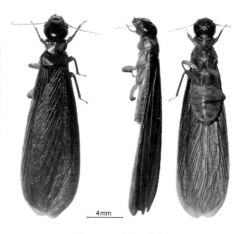

图 2-8　有翅成虫

成虫头部：头红褐色、近圆形，最宽处在中后段；后颏呈浅棕色，前段呈近淡白色、梯形，最宽处在前段 1/3 处，最狭处在最后端（见图 2-9）。

　　上唇黄色，一般呈覆匙状，两侧圆弧形，前缘中央稍内陷，背面中前部有较多毛；左上颚有端齿和

图 2-9　成虫头部
A. 正面观；B. 腹面观

4枚缘齿，颚齿板短，右上颚端颚大，亚缘齿小，第1缘齿短，第2缘齿呈斜切形，颚齿板较长；触角一般21~26节，本标本触角27节，第3、4节较短（见图2-10）。

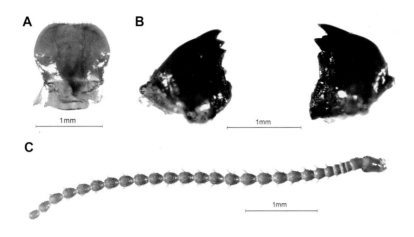

图2-10　成虫上唇（A）、上颚（B）、触角（C）

成虫胸部：前胸背板红棕色，稍狭于头宽，近前缘两侧各有1个黑褐色凹陷，前缘有排列整齐的短毛，前缘顶部毛较长；后足淡棕色，胫节有3个胫刺，具3个端距；翅基部黑色，往端部颜色变浅，至淡黄色（见图2-11）。足胫节距式3：3：3（见图2-12）。

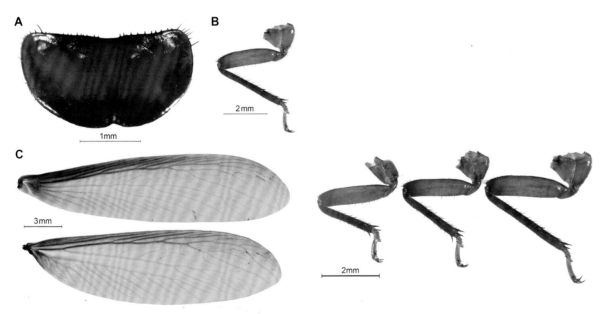

图2-11　成虫前胸背板（A），后足（B），前、后翅（C）

图2-12　成虫前足（左）、中足（中）和后足（右）

第三章

CHAPTER 3

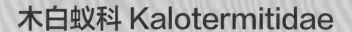

木白蚁科 Kalotermitidae

木白蚁科记录 21 个属。浙江省分布堆砂白蚁属 *Cryptotermes* 和楹白蚁属 *Incisitermes*。本图鉴记录 2 属，即堆砂白蚁属和楹白蚁属。两属的主要鉴别特征在于兵蚁头形和有翅成虫翅脉。

兵蚁

堆砂白蚁属兵蚁头较短、方形、头前部平钝，具门楣状，用于防卫时堵住蚁道；楹白蚁属兵蚁头较长、长方形，头前部与头顶呈 20°~45° 的弧度（见图 3-1）。

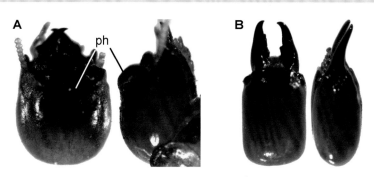

图 3-1 兵蚁头形
A. 堆砂白蚁属头方形；B. 楹白蚁属头长方形
ph：门楣状

成虫

成虫的鉴别特征在于翅 M 脉的走向：堆砂白蚁属 M 脉向上弯曲，在翅的中后部与 Rs 脉合并；楹白蚁属 M 脉走向翅顶（见图 3-2）。

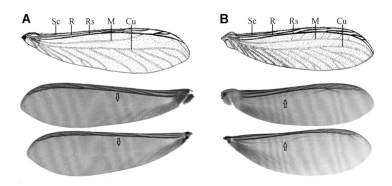

图 3-2 堆砂白蚁（A）和楹白蚁（B）翅的结构（示意图仿 Krishna 和 Weesner，1969）
Sc：亚前缘脉；R：径脉；Rs：径分脉；M：中脉；Cu：肘脉；箭头：M 脉

二、堆砂白蚁属 *Cryptotermes*

　　堆砂白蚁属为木栖性白蚁，常在房屋木构件、枯木和木材内筑巢，蛀食坚硬而干燥的木材，故也称为干木白蚁（见图3-3）。该白蚁取食和栖息场所合为一体，且取食后能产生大量砂子状颗粒，故称堆砂白蚁（见图3-4）。堆砂白蚁对温度要求较高，喜高温，所以在海南、广东、广西等南方诸地危害严重，在浙江主要分布于温州地区。该属白蚁成熟群体往往数量较少，无工蚁品级。本图鉴记录1种，即平阳堆砂白蚁。

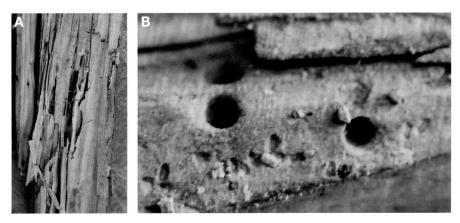

图3-3　堆砂白蚁栖息的干木材（A）和蛀孔（B）

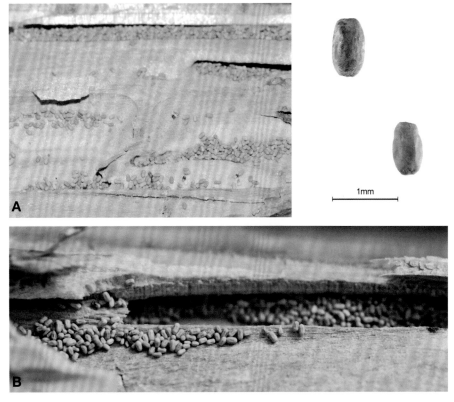

图3-4　堆砂白蚁危害状（A）及颗粒状粪便（B）

2 平阳堆砂白蚁 *C. pingyangensis*

平阳堆砂白蚁巢内种群数量少，常见幼蚁、若蚁、补充繁殖蚁和兵蚁等品级（见图3-5），其中若蚁数量较多，兵蚁和补充繁殖蚁数量少。该种缺少工蚁品级，工蚁的功能由若蚁完成。在浙江，有翅成虫分飞发生在 5 月。

图 3-5　平阳堆砂白蚁各种品级和有翅成虫

兵蚁

　　头前部黑褐色，后部赤褐色；上颚黑色；上唇和触角黄色；前胸背板黄褐色；腹部整体乳白色，透少许淡褐色（见图3-6）。

图 3-6　兵蚁整体背面观

兵蚁头部： 头短而厚、近正方形，长大于宽，额部前缘中央向后内凹，头背面两侧缘在眼附近明显内凹，后侧缘为宽圆形；后颏短小黄褐色、近方形，前侧角为弧形，顶端最狭，中后部最宽；侧面观额顶近中前部黑色突起，眼在触角窝之后（见图3-7）。

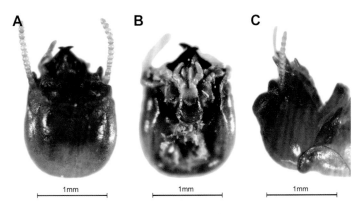

图 3-7　兵蚁头部

A. 背面观；B. 腹面观及后颏；C. 侧面观

上唇黄色、短宽，端部略尖，具1对长端毛和少量短毛；触角黄色，12～13节，本标本12节，第2节较长，第4节最短；触角窝上、下各有1个角状突起，下方角状突的端部较上方角状突的端部长，眼为淡色、卵形；上颚黑色、粗壮、宽而扁，外缘近基部明显膨大，内缘有2个缘齿，左上颚2个缘齿的齿端间距较大，右上颚缘齿的齿端间距较小（见图3-8）。

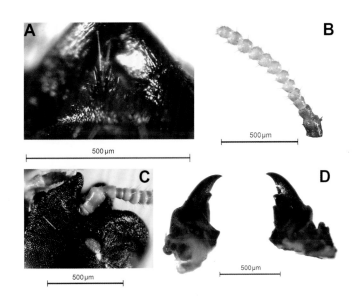

图3-8　兵蚁上唇（A）、触角（B）、触角窝和眼（C）、上颚（D）

兵蚁胸部：前胸背板两侧缘前部较宽，后侧角明显缩狭为圆弧形，前缘中央凹口钝角形、宽而较深，其凹缘平滑，后缘较狭，中央浅凹入；后足淡黄色，具3个端距，长度在0.85～0.88mm（见图3-9）。

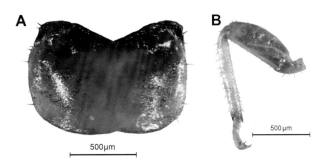

图3-9　兵蚁前胸背板（A）和后足（B）

成虫

> 头和前胸背板黄褐色，前唇基淡黄色，后唇基黄色，腹部黄色，上唇具少许长毛（见图3-10）。

图3-10　脱翅成虫整体背面观

成虫头部：头近长方形，两侧略平行，长大于宽，头后缘圆弧突出，上唇略宽，呈球面状拱起，前唇基前缘中央略凹，表面具皱纹；后颏淡褐色，端部最狭、淡透明，两侧往后渐宽，近后部最宽，后缘中间突出；复眼椭圆形，突出于头的两侧；单眼近圆形，与复眼的距离相当于单眼半径（见图3-11）。

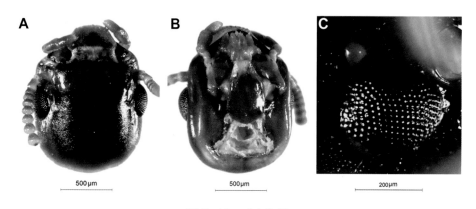

图3-11　成虫头部
A. 头背面观；B. 头腹面观及后颏；C. 单、复眼

成虫胸部：前胸背板略狭于头宽，两侧缘在中部之前稍宽，前缘凹口宽而较深，后缘中央略凹，前翅鳞较长，覆盖于后翅鳞全部；前、后翅浅黑色、透明，密批刻点，M脉向上弯曲，在翅的中后部与Rs脉合并，Cu脉有10余分支（见图3-12）。

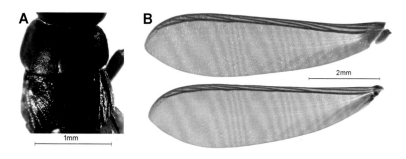

图3-12　成虫前胸背板（A）和翅（B）

三、楹白蚁属 *Incisitermes*

　　楹白蚁属为木栖性白蚁，其栖息取食、营巢均在干燥的木材中，不需要土壤，属干木白蚁。该属白蚁成熟群体数量较少，蚁巢结构简单，容易在一些旧的家具、门框、门板、房梁上滋生，并产生砂粒状的排泄物（见图3-13）。本图鉴记录1种，即小楹白蚁。

图 3-13　楹白蚁危害状

3 小楹白蚁 *I. minor*

小楹白蚁为小群体的干木白蚁，容易通过木材及木制品的搬运进行人为传播，在宁波、上海、南京等地有被发现过。本图鉴白蚁标本采集于宁波，有翅成虫在5—6月分飞。

兵蚁

头红棕色，头端部及上颚基部黑褐色；前胸背板黄色至褐黄色；腹部及足淡黄色（见图3-14）。

兵蚁头部： 头长方形，两侧近平行，头最宽1.67～1.87mm，头长至上颚基2.37～2.81mm；后颏较短宽，前半部宽大，后半部狭窄，最宽0.60～0.69mm，长1.67～1.72mm；背面稍平，额部稍下陷，并向前倾斜（见图3-15）。

图3-14 兵蚁整体背面观

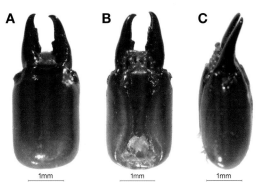

图3-15 兵蚁头部
A. 头背面观；B. 头腹面观及后颏；C. 头侧面观

上唇橙黄色，唇短舌形、较宽短，前端微突，有数枚长毛；触角13节，第1～3节红棕色，其余各节色淡，第3节较长，呈棒状，其长约为第4～6节长之和；上颚黑褐色，粗壮，基部稍扩大，外缘稍直，颚端向内弯曲，左上颚内缘有3枚缘齿，第1缘齿与第2缘齿间距离较近，第3缘

齿与第2缘齿间的距离较远，左上颚长1.58～1.76mm，右上颚有2枚缘齿，第1缘齿位于中点，第2缘齿紧随其后，右上颚长1.75mm（见图3-16）。

兵蚁胸部： 前胸背板宽于头，前缘中央深凹陷，前侧角近方形，后侧角宽圆，后缘近平直，有时中央略凹，宽1.86～2.07mm，中长1.07～1.14mm；足浅黄色，腿节粗壮，胫节距式3：3：3，后足胫节长1.27～1.40mm（见图3-17）。

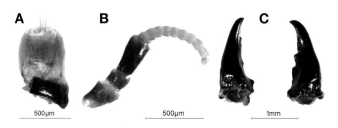

图3-16 兵蚁上唇（A）、触角（B）、上颚（C）

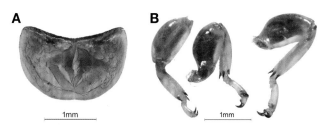

图3-17 兵蚁前胸背板（A）、胸足（从左至右为前、中、后足）（B）

成虫

头棕黄色，复眼黑褐色，胸棕黄色，足黄色，翅棕色、透明；成虫连翅长 10.72～11.37mm，脱翅成虫长 5.69～5.94mm（见图 3-18）。

成虫头部：头近圆形，两侧稍平行，长稍大于宽，头长至上颚基 1.47～1.52mm，头宽不连复眼 1.40～1.45mm，复眼突出，单眼近圆形，不触及复眼，后缘圆出；后颏色淡、淡黄色，前窄后宽。侧面观头呈梭形，头顶稍高，向后倾斜角度大于向前倾斜角度；额区较平坦，头高不连后颏约 1.00mm（见图 3-19）。

图 3-18　有翅成虫侧面观（上）和背面观（下）

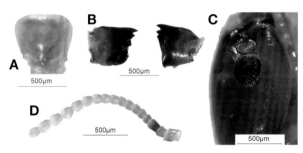

图 3-20　成虫上唇（A），上颚（B），单、复眼（C），触角（D）

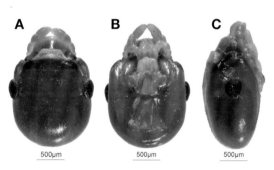

图 3-19　成虫头部
A. 头背面观；B. 头腹面观及后颏；C. 头侧面观

上唇淡黄色，前宽后窄（宽 0.61mm，长 0.47mm），前缘中央微凹入，具数根端毛；上颚端部黑褐色，至基部色渐浅，呈棕褐色，左、右上颚各具 2 枚缘齿；复眼黑褐色、突出，长径 0.37mm，短径 0.34mm，单眼色浅、近圆形，直径为 0.12～0.13mm，单复眼间距 0.06～0.08mm；触角第 3 节深褐色，其余各节为淡色、细长，15～20 节（本标本 17 节），第 3 节略长于第 2、4 节，末端 5～6 节较粗壮，端节较小、卵圆形（见图 3-20）。

成虫胸部：前胸背板棕黄色，一般略宽于头，有时几乎相等，前缘中央有凹口，后缘稍平，宽 1.58～1.65mm，中长 0.89～0.96mm；足黄色，胫节距式 3：3：3，跗节 4 节，后足胫节长 1.16mm；翅棕色，透明，前翅长不连翅鳞 7.82～7.95mm，前、后翅 M 脉走向翅顶，翅面有许多微毛（见图 3-21）。

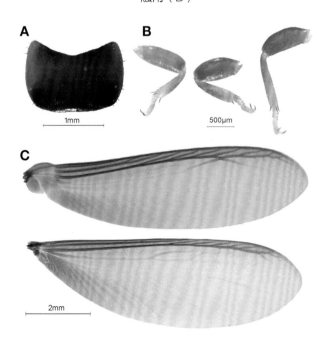

图 3-21　成虫前胸背板（A），胸足（从左至右为前、中、后足）（B），前、后翅（C）

第四章

CHAPTER 4

鼻白蚁科 Rhinotermitidae

鼻白蚁科记录 77 个属。浙江省分布散白蚁属 *Reticulitermes* 和乳白蚁属 *Coptotermes*。本图鉴记录 2 属 16 种，其中散白蚁属 14 种和乳白蚁属 2 种。两属的主要鉴别特征在于兵蚁头形、囟孔形态及着生位置，成虫头形。

兵蚁

散白蚁属兵蚁头形呈长方形，囟孔小，位于头顶，远离唇基部；乳白蚁属兵蚁头形呈卵形，囟孔大且呈圆筒形，位于唇基部（见图 4-1）。

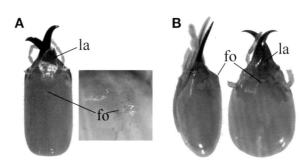

图 4-1　兵蚁头形与囟孔
A. 散白蚁属（头长方形，囟孔小而远离唇基）；B. 乳白蚁属（头卵形，囟孔大而近唇基）
fo：囟孔；la：上唇

成虫

散白蚁成虫头两侧平行；乳白蚁成虫头两侧不平行（见图 4-2）。

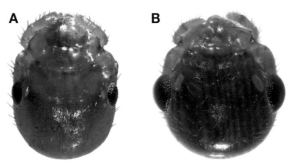

图 4-2　成虫头形
A. 散白蚁属（头两侧平行）；B. 乳白蚁属（头近圆形）

26

四、散白蚁属 *Reticulitermes*

散白蚁也称网白蚁，因其蚁巢分散，故称为散白蚁。白蚁在木材中集中活动取食，形成简单而不明显的蚁巢结构。它们需要利用土壤来形成蚁路和分飞孔覆盖物（见图4-3），所以，散白蚁是一类土木两栖性白蚁。

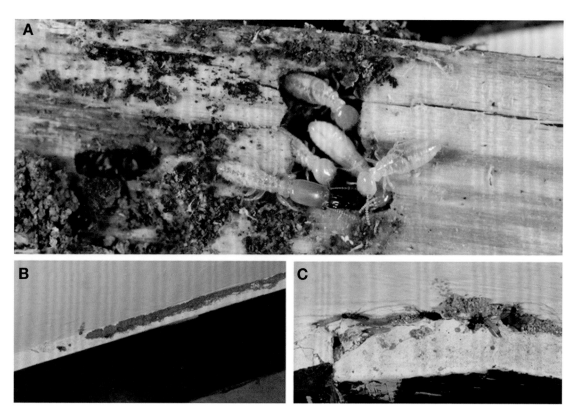

图4-3 散白蚁栖息场所
A. 白蚁在木材中的活动；B. 墙与踢脚线间的蚁路；C. 墙与踢脚线间的分飞孔

散白蚁群体中不易发现原始型的蚁王、蚁后，但具有数量较多的补充型繁殖蚁（见图4-4）。

图4-4 原始型蚁后（左）和补充型繁殖蚁（右）

　　散白蚁耐寒性较强，在我国分布较广。在室外，散白蚁主要取食松木、杉木及一些杂木的枯树桩、枯树枝。在室内，散白蚁可对地板、门框、木柱、房梁等木构件造成破坏，是危害我国房屋建筑的主要白蚁类群。

　　散白蚁是我国白蚁种类记录最多的一个属，本图鉴共记录了 14 种。分类学上，散白蚁属分为平额和隆额两个亚属：平额亚属兵蚁额平或微隆起，前胸背板中区毛通常少于 10 枚；隆额亚属兵蚁额微隆起或强隆起，前胸背板中区毛通常多于 10 枚（见图 4-5）。

　　形态分类上，散白蚁种类鉴定主要使用兵蚁和有翅成虫两种品级。有翅成虫只出现在一定的季节，标本难以采集，所以，人们较多使用兵蚁进行种类鉴定。依据兵蚁形态，该属的种间主要分类特征如下（见图 4-6）：①上唇形状；②上唇有无侧端毛；③上唇有无亚端毛；④前胸背板中区毛数；⑤前胸背板形状及长、宽；⑥头长、宽（头阔指数）；⑦左上颚长；⑧后颏长、宽、狭；⑨后足胫节长。

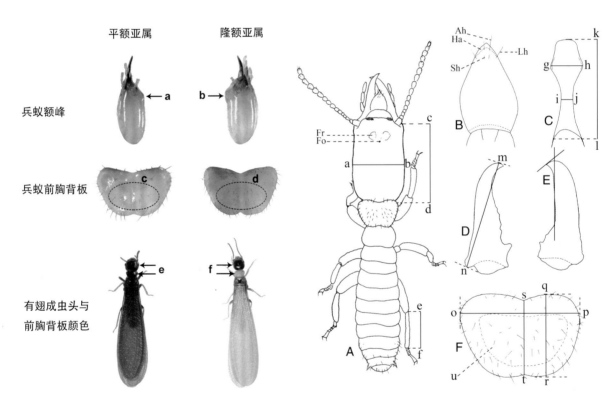

图 4-5　平额亚属与隆额亚属散白蚁的区别
a. 额平坦；b. 额峰隆起；c. 前胸背板中区毛少于 10 枚；
d. 前胸背板中区毛多于 10 枚；e. 头与前胸背板颜色相同；
f. 头与前胸背板颜色不同

图 4-6　散白蚁属部分形态特征及测量法（潘程远绘）
A. 兵蚁；B. 上唇；C. 后颏；D. 左上颚；E. 右上颚弯度的测量；F. 前胸背板
ab. 头宽；cd. 头长至上颚基；ef. 后足胫节长；Fr. 额峰；
Fo. 囟；Ah. 端毛；Ha. 透明区；Lh. 侧端毛；Sh. 亚端毛；
gh. 后颏宽；ij. 后颏狭；kl. 后颏长；mn. 左上颚长；
op. 前胸背板宽；qr. 前胸背板长；st. 前胸背板中长；
u. 前胸背板中区

散白蚁属分种检索表
兵 蚁

1. 额平或微隆起 ·· 2

　 额强隆起 ··· 9

2. 左上颚粗短，颚端强弯 ·· 3

　 左上颚细弱，颚端尖细而稍直 ··· 4

3. 前胸背板中区毛多于 10 枚 ························ **柠黄散白蚁 R. citrinus**

　 前胸背板中区毛约 6 枚 ·························· **弯颚散白蚁 R. curvatus**

4. 头长至上颚基平均大于 2.30mm ············ **罗浮散白蚁 R. luofunicus**

　 头长至上颚基平均小于 2.30mm ··· 5

5. 上唇具侧端毛 ··· 6

　 上唇缺侧端毛 ··· 7

6. 头宽大于 1.20mm ······················· **大别山散白蚁 R. dabieshanensis**

　 头宽小于 1.20mm ······························· **圆唇散白蚁 R. labralis**

7. 前胸背板中区毛约 2 枚 ························· **尖唇散白蚁 R. aculabialis**

　 前胸背板中区毛约 6 枚 ·· 8

8. 上唇端圆钝 ··· **黑胸散白蚁 R. chinensis**

　 上唇端尖锐 ································· **细颚散白蚁 R. leptomandibularis**

9. 头宽小于 1.00mm ·································· **小散白蚁 R. parvus**

　 头宽大于 1.00mm ·· 10

10. 左上颚长大于 1.15mm ··· 11

　 左上颚长小于 1.15mm ··· 12

11. 头阔指数大于 0.56 ······························· **肖若散白蚁 R. affinis**

　 头阔指数小于 0.56 ··························· **卵唇散白蚁 R. ovatilabrum**

12. 前胸背板中区毛约 40 枚 ······················ **花胸散白蚁 R. fukienensis**

　 前胸背板中区毛约 20 枚及以下 ··· 13

13. 上唇具侧端毛 ···································· **黄胸散白蚁 R. flaviceps**

　 上唇缺侧端毛 ······························· **近黄胸散白蚁 R. periflaviceps**

　　本图鉴中记录 8 种平额亚属散白蚁，分别为柠黄散白蚁、弯颚散白蚁、罗浮散白蚁、大别山散白蚁、圆唇散白蚁、尖唇散白蚁、黑胸散白蚁、细颚散白蚁，以及 6 种隆额亚属散白蚁，分别为小散白蚁、肖若散白蚁、卵唇散白蚁、花胸散白蚁、黄胸散白蚁、近黄胸散白蚁。

4 柠黄散白蚁 *R. citrinus*

柠黄散白蚁为平额亚属白蚁。兵蚁和成虫体色偏黄，兵蚁额微隆起，头壳中部最狭，左上颚粗短、强弯。形态上，柠黄散白蚁与弯颚散白蚁较为相似，区别在于：柠黄散白蚁兵蚁触角16节，中区毛约20根；弯颚散白蚁兵蚁触角15节，中区毛约8根。该白蚁模式标本采集于浙江龙泉高海拔山林，本图鉴标本同样采集于浙江龙泉地区。

兵蚁

头黄色，胸、腹部淡白黄色（见图4-7）。

兵蚁头部： 头黄色、长方形，两侧近平行，向后稍扩出，中前部最狭，头最宽1.14~1.21mm，头长至上颚基1.98~2.23mm，头阔指数0.55~0.59；后颏细长，长1.52~1.68mm，腰缩指数0.28~0.30。侧面观额峰微隆起，头高0.96~0.99mm（见图4-8）。

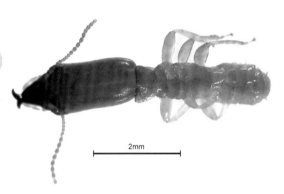

图4-7 兵蚁整体背面观

图4-8 兵蚁头部
A.背面观；B.腹面观及后颏；C.侧面观

兵蚁上唇矛状，长稍大于宽，唇端半透明区狭圆出，端毛后有1对短亚端毛，侧端毛缺或短，唇脊上或有数根刚毛；上颚较短壮，左上颚端部较宽弯，长0.97~1.08mm；触角淡黄色，16节，本标本触角破损，共14节（见图4-9）。

兵蚁胸部： 前胸背板黄色、倒梯形，前缘中央凹入，后缘微凹入，宽0.80~0.87mm，中长0.49~0.52mm，宽为长的1.5~1.7倍，中区毛约20根；后足淡黄色，胫节长0.87~1.02mm（见图4-10）。

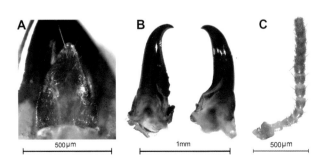

图4-9 兵蚁上唇（A）、上颚（B）和触角（C）

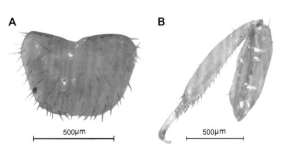

图4-10 兵蚁前胸背板（A）和后足（B）

成虫

全体柠檬黄色，复眼紫褐色，翅鳞黄褐色，翅淡灰褐色，体毛金黄色（见图4-11）。

图4-11 有翅成虫整体背面观

成虫头部：头淡褐黄色、卵圆形，头顶及侧面毛较多，头顶较平，头宽不连复眼0.93～0.98mm，后唇基突起，高与头顶平，复眼突出，单眼较大，位于复眼上前方，囟淡黄点状，微突起；触角黄色，16节（见图4-12）。

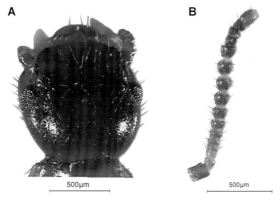

图4-12 成虫头部背面观（A）及触角（B）

成虫胸部：前胸背板深黄色，宽0.75～0.85mm，长0.50～0.55mm，宽为长的1.4～1.6倍，前缘稍举起，后缘中间稍凹下，前、后缘凹入几乎相等，被毛甚密；后足黄色，胫节长1.05～1.16mm（见图4-13）。翅淡灰褐色，M脉走向翅端，前、后翅Cu脉各约有10个分支（见图4-14）。

图4-13 成虫前胸背板（A）和后足（B）

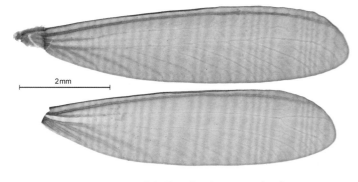

图4-14 成虫前翅（上）和后翅（下）

5 弯颚散白蚁 *R. curvatus*

　　弯颚散白蚁为平额亚属白蚁。兵蚁额平，左上颚端部强弯，中区毛较少，成虫前胸背板色同头部。它主要栖息于松木、杉木的枯枝、枯树干和枯树桩中。弯颚散白蚁模式标本采集于浙江龙泉，为浙江省特有种。本图鉴标本采集于浙江龙泉岩樟乡马尾松枯树根内（4 月下旬），巢内见幼蚁、工蚁、兵蚁及有翅成虫等品级（见图 4-15）。

图 4-15　弯颚散白蚁各品级
A. 幼蚁、工蚁和兵蚁；B. 有翅成虫

兵蚁

头壳毛稀少，淡黄褐色；胸部淡黄色；腹部色稍浅于胸部；体长约5.65mm（见图4-16）。

图4-16 兵蚁整体背面观

兵蚁头部：头淡黄褐色，头壳长方形，头宽1.03～1.14mm，头阔指数0.56～0.59，两侧平行，中段稍狭，后缘平直；后颏长1.41～1.63mm，宽区位于前1/6段，最宽0.46～0.51mm，最狭0.13～0.15mm，腰区细长，两侧平行，腰缩指数约0.28；额区稍隆起，峰间浅凹（见图4-17）。

上唇钝矛状，唇端狭圆，具端毛，亚端毛短，侧端毛细短（有时缺），唇宽0.33～0.36mm，唇长0.38～0.42mm；触角淡黄色，15节；上颚紫褐色、粗短，颚端强弯，左上颚长0.97～1.06mm（见图4-18）。

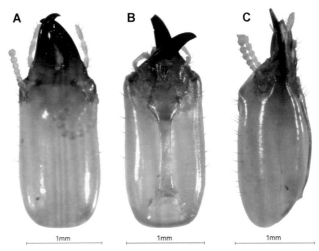

图4-17 兵蚁头部
A.背面观；B.腹面观及后颏；C.侧面观

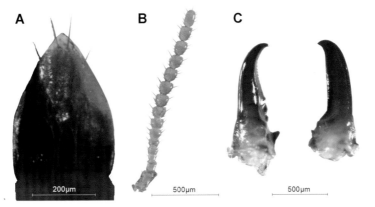

图4-18 兵蚁上唇（A）、触角（B）和上颚（C）

兵蚁胸部：前胸背板淡黄褐色、近梯形，宽为0.75～0.82mm，长为0.47～0.55mm，中长为0.46～0.50mm，前缘中央深凹，后缘平直，中区长毛约8根，间有多根短毛；足浅黄色，后足胫节长0.86～0.94mm（见图4-19）。

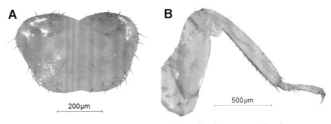

图4-19 兵蚁前胸背板（A）和后足（B）

成虫

全体深黄色；头部色较深，浅褐色；翅灰黑色，体毛金黄色，长体连翅（不连触角）约9.10mm（见图4-20）。

图4-20　有翅成虫（上）和脱翅成虫（下）

成虫头部：头浅褐色，头顶色较深，头壳近圆形，长稍大于头宽，头两侧及头顶密布黄色长毛，最宽处位于前部，头宽连复眼0.95～0.98mm，头宽不连复眼0.91～0.93mm，头长至上唇尖1.10～1.25mm；复眼黑褐色，复眼长径约等于其至头下缘间距，为0.20～0.22mm，单眼浅黄色、稍透明、长椭圆形，短径约等于其至复眼间距，长约0.05mm，长径0.08～0.09mm；左、右上颚近缘齿深褐色，其余黄色，左上颚具5枚缘齿，前端3枚，中段1枚，后端1枚，右上颚前端具2枚缘齿，其后斜平直，与后端形成钝角；触角淡黄褐色，17节（见图4-21）。

成虫胸部：前胸背板深黄色、近梯形，宽0.73～0.83mm，长0.47～0.53mm，中长0.39～0.48mm，前缘较平直，中央浅凹，后缘中央凹入明显，边缘及中区具较多黄色长毛；胸足黄色，较前胸背板色淡，胫节距式3：2：2，后足胫节长1.03～1.09mm；翅灰黑色、透明，前翅长（带翅鳞）7.33～7.42mm，Rs脉接近前缘，M脉在接近端部处有2～3个分叉，Cu脉有9～11个分支，后翅长（带翅鳞）6.82～6.98mm，翅脉与前翅相似（见图4-22）。

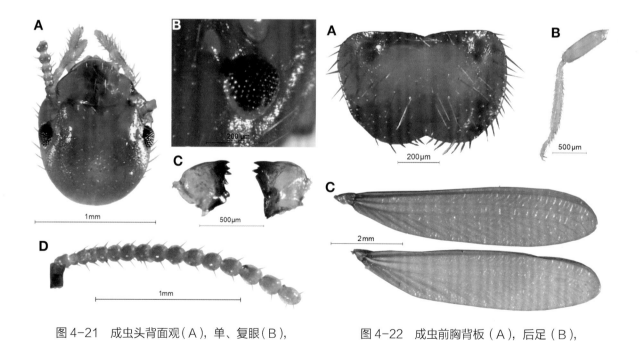

图4-21　成虫头背面观（A），单、复眼（B），
上颚（C），触角（D）

图4-22　成虫前胸背板（A），后足（B），
前、后翅（C）

6 罗浮散白蚁 *R. luofunicus*

罗浮散白蚁为平额亚属白蚁。兵蚁额平，上唇矛状，且唇端尖锐，头两侧向后稍扩张。罗浮散白蚁的显著特点是：兵蚁、工蚁体形较大。本图鉴标本采集于浙江磐安六十田阔叶混交林的杉木枯树内（8月下旬）。

兵蚁

体淡黄色；头长至上颚基约7.33mm；头端部颜色较深，黄褐色，向后颜色渐浅；胸部和腹部淡黄色；足颜色稍浅于胸部（见图4-23）。

兵蚁头部：头淡黄色、长方形，头壳被毛稀疏，头宽1.37~1.56mm，头阔指数约为0.62，两侧微弧形，头前部稍窄，向后稍扩，头后缘宽圆；后额长1.76~2.00mm，宽区位于前段1/5处之前，宽0.51~0.59mm，腰区狭长，最狭0.17~0.20mm，两侧近平行，腰缩指数约为0.30；额峰微隆起（见图4-24）。

图4-23 兵蚁整体背面观

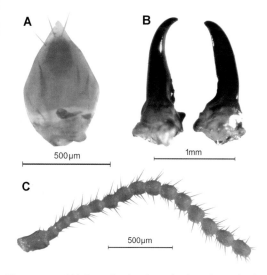

图4-25 兵蚁上唇（A）、上颚（B）和触角（C）

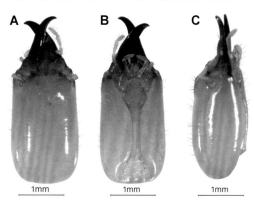

图4-24 兵蚁头部
A. 背面观；B. 腹面观及后额；C. 侧面观

兵蚁上唇尖矛状，唇端短针状，具端毛，亚端毛较短，侧端毛有或缺，上唇长0.52~0.63mm，宽0.39~0.44mm；上颚粗壮、黑褐色，颚端近强弯，左上颚长1.45~1.51mm，约为头长的0.59、头宽的0.95；触角淡黄色，16~17节，第3节或第4节最短（见图4-25）。

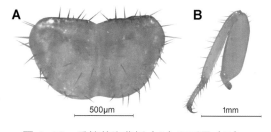

图4-26 兵蚁前胸背板（A）和后足（B）

兵蚁胸部：前胸背板浅黄色、肾形，宽1.01~1.12mm，长0.66~0.69mm，中长0.52~0.61mm，宽约为长的1.75倍，前缘中央浅凹，后缘中央凹入明显，中区毛4~6根；后足淡黄色，端距2个，胫节长1.01~1.15mm（见图4-26）。

7 大别山散白蚁 *R. dabieshanensis*

大别山散白蚁为平额亚属白蚁。其形态与细颚散白蚁相似，上唇都为矛状，端部尖锐，但大别山散白蚁体形稍大，兵蚁上唇具侧端毛，触角多 1～2 节。该白蚁栖息于松木、杉木的枯树桩、枯木中。本图鉴中标本 5 月初采集于浙江龙泉，具有翅成虫（见图 4-27）。

图 4-27　大别山散白蚁各品级

兵蚁

头黄褐色，上颚赤褐色，头壳被毛稀疏（见图 4-28）。

图 4-28　兵蚁整体背面观

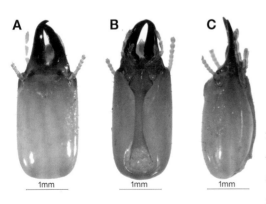

图 4-29　兵蚁头部
A. 背面观；B. 腹面观及后颏；C. 侧面观

兵蚁头部：头黄褐色、长方形，宽 1.24～1.37mm，头长至上颚基 2.10～2.31mm，头阔指数 0.55～0.61，两侧平行，头后缘稍突出；后颏长 1.65～1.75mm，宽区位于前段 1/5 处，前侧边近平行后再扩，腰区狭长，两侧平行，腰缩指数 0.30～0.35；额峰微隆起，额间稍凹（见图 4-29）。

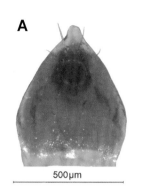

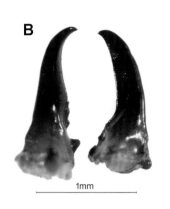

兵蚁上唇尖矛状，唇端半透明区圆锥形，粗尖出，具端毛、亚端毛和侧端毛；上颚强壮，颚端甚弯，左上颚长1.22~1.36mm；触角淡黄色，16~17节，本标本为17节，第3节最短（见图4-30）。

图4-30 兵蚁上唇（A）、上颚（B）和触角（C）

兵蚁胸部：前胸背板淡黄色、梯形，宽0.92~1.11mm，中长0.52~0.64mm，宽为长的1.61~1.68倍，前、后缘均较平直，前缘中央凹刻稍深于后缘，中区毛6~8根；后足色浅，胫节长0.96~1.15mm（见图4-31）。

图4-31 兵蚁前胸背板（A）和后足（B）

成虫

头壳、前胸背板、后颏、足腿节均近黑褐色，胫节灰黄色，上唇、后唇基和触角淡褐色，翅膜褐色（见图4-32）。

成虫头部：头黑色、近圆形；头宽不连复眼1.10~1.21mm，头长至上颚基1.06~1.12mm；囟点状，位于头顶正中央；复眼突出，单眼色淡，位于复眼上前方；头顶丘状；后唇基几乎未突起，低于头顶，约与单眼平；后颏黑色、呈正方形，边长约0.41mm（见图4-33）。

成虫上唇淡褐色、舌状，端部圆平，唇端及背面具数根长毛。复眼近圆形，突出率6%~9%，复眼长径长0.33mm，短径长0.28mm，复眼短径长于其和头下缘间距；单

图4-32 有翅成虫腹面观（上）和背面观（下）

眼长圆形，长径长 0.11mm，短径长 0.09mm，其短径大于单复眼间距；触角淡褐色，17 节；上颚灰黄色，左、右上颚各具 3 枚缘齿，其中右上颚第 1 缘齿小，紧靠第 2 缘齿（见图 4-34）。

成虫胸部：前胸背板黑褐色、近梯形，宽 0.98～1.01mm，中长 0.59～0.64mm，宽为长的 1.56～1.63 倍，前缘平直，后缘中央 V 形凹刻较深；胸足腿节黑褐色，其余节段灰黄色，

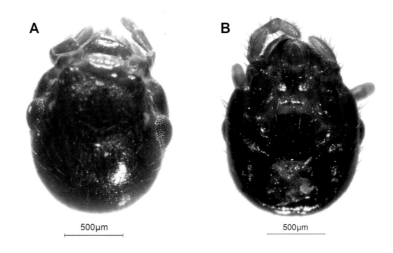

图 4-33　成虫头部
A. 背面观；B. 腹面观

胫节距式 3：2：2，跗节 3 节，后足胫节长 1.22～1.28mm；翅褐色，前翅长 7.34～7.50mm，宽 2.07～2.14mm，后翅长 7.04～7.12mm，宽 2.05～2.12 mm，前翅 Cu 脉约有 14 个分支（见图 4-35）。

图 4-34　成虫上唇（A），单、复眼（B），触角（C），上颚（D）

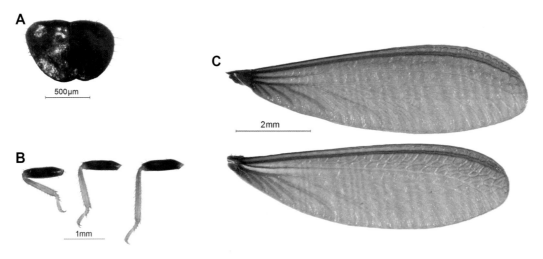

图 4-35　成虫前胸背板（A）、胸足（B，从左到右为前、中、后足）、翅（C）

8 　圆唇散白蚁 *R. labralis*

圆唇散白蚁为平额亚属白蚁。其额微隆起，显著特点是：上唇舌状，唇端圆钝，具侧端毛和亚端毛，左上颚较短（小于 1.00m），前胸背板中区毛 10～16 根。

兵蚁

头淡黄色，上颚赤褐色，头壳被毛稀疏（见图 4-36）。

兵蚁头部： 头淡黄色，头壳长方形，头最宽 1.02～1.12mm，头阔指数 0.62～0.65，两侧近平行，后缘宽圆；后颏长 1.05～1.33mm，

图 4-36 　兵蚁整体背面观

图 4-37 　兵蚁头部
A. 背面观；B. 腹面观及后颏；C. 侧面观

后颏宽区位于前 1/5～1/4 段间，腰区宽短，最宽 0.40～0.44mm，约为头宽的 1/6，两侧略呈宽弧状，腰缩指数 0.40～0.50；额区微隆起，额间浅凹（见图 4-37）。

兵蚁上唇黄色、舌状，唇端狭圆，具端毛、亚端毛和侧端毛，唇宽 0.30～0.36mm，唇长 0.33～0.41mm；上颚赤褐色、较弱细而直，颚端尖细而稍直，左上颚长 0.89～1.00mm；触角淡黄色，15～16 节，本标本 15 节，缺端部的 1 节（见图 4-38）。

兵蚁胸部： 前胸背板黄色、近梯形，宽 0.73～0.84mm，中长 0.39～0.47mm，宽为长的 1.50～1.59 倍，前缘中央凹入，后缘较平直，前胸背板两侧宽弧形，中区毛 10～16 根；后足淡黄色，胫节长 0.84～0.91mm（见图 4-39）。

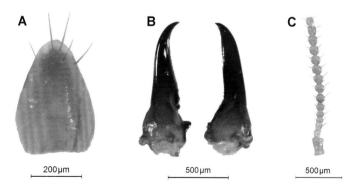

图 4-38 　兵蚁的上唇（A）、上颚（B）和触角（C）

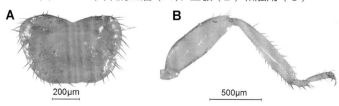

图 4-39 　兵蚁前胸背板（A）和后足（B）

9 尖唇散白蚁 *R. aculabialis*

尖唇散白蚁为平额亚属白蚁。其最初发现于四川成都，由蔡邦华等（1977）定名。该种白蚁形态鉴别特征在于：上唇尖矛状，唇端透明区尖锐，缺侧端毛，中区毛少，2～4根。

兵蚁

头黄褐色，上颚深褐色，头壳被毛稀疏（见图4-40）。

兵蚁头部：头深黄色、长方形，宽1.22～1.39mm，头长至上颚基1.80～2.00mm，头阔指数0.62～0.66，两侧近平行，中段稍扩宽，头后缘稍突出；后颏粗短，长1.54～1.60mm，

图4-40　兵蚁整体背面观

最宽0.46～0.53mm，后颏宽区位于前段1/5处，前侧边梯形后扩，中段稍凹，腰区较细长，两侧近平行，腰缩指数0.28～0.31；额区微隆起，额间近平坦，头高0.96～1.07mm（见图4-41）。

兵蚁上唇黄色、尖矛状，唇端透明区呈针状尖出，长约0.49mm，端毛长，亚端毛细短，缺侧端毛；上颚深褐色、细长，颚端颇弯，左上颚长1.25～1.31mm，与右上颚长几相等；触角淡黄色，16～17节，本标本15节，缺端部（见图4-42）。

图4-41　兵蚁头部
A. 背面观；B. 腹面观及后颏；C. 侧面观

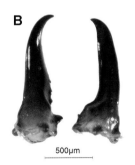

图4-42　兵蚁上唇（A）、上颚（B）和触角（C）

兵蚁胸部：前胸背板黄色、肾形，宽0.92～1.00mm，中长0.47～0.53mm，宽为长的1.66倍，前缘宽V形浅凹入，两侧连同后缘呈宽弧形，后缘中央稍凹，前缘宽为后缘宽的2倍多，中区长毛约2根；后足色浅，胫节长0.99～1.05mm（见图4-43）。

图4-43　兵蚁前胸背板（A）和后足（B）

10 黑胸散白蚁 *R. chinensis*

　　黑胸散白蚁为平额亚属白蚁。其与细颚散白蚁较为相似，主要区别表现在：黑胸散白蚁整体稍
大些，触角往往多 1 节，兵蚁上唇端部更圆滑。

　　兵蚁头部：头黄褐色，上颚赤褐色；
头背部被毛稀疏；头长方形，头阔指数
0.59～0.64，两侧平行，后侧角略圆，后
缘略平直；后颏宽区位于前段 1/5～1/4 处，
前侧边近梯形，中间略凹入，腰区稍细，
两侧边近宽弧形，腰缩指数 0.27～0.32；
额区微隆起（见图 4-44）。

　　兵蚁上唇淡黄色、矛状，唇端尖
圆，具端毛、亚端毛，侧端毛萎或缺，
长 0.35～0.47mm，　宽 0.32～0.42mm；
上颚稍粗，颚端略弯，上颚长为头长的

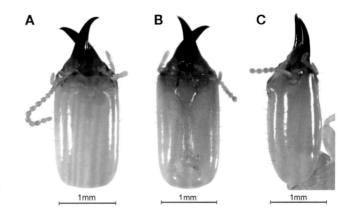

图 4-44　兵蚁头部
A. 背面观；B. 腹面观及后颏；C. 侧面观

0.57～0.64、头宽的 0.97～1.00；触角 16～18 节，本标本触角 16 节，第 4 节最短（见图 4-45）。

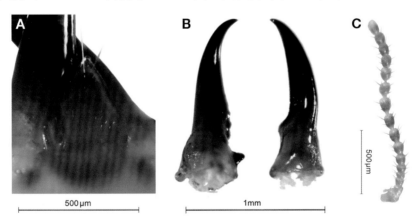

图 4-45　兵蚁的上唇（A）、上颚（B）和触角（C）

　　兵蚁胸部：前胸背板淡黄色、梯
形，宽为长的 1.64～1.73 倍，前缘
中间浅凹入，后缘近平直，中区毛
约 6 根；后足胫端距 2 个，胫节长
0.95～1.00mm（见图 4-46）。

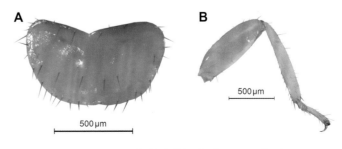

图 4-46　兵蚁前胸背板（A）和后足（B）

41

11 细颚散白蚁 *R. leptomandibularis*

　　细颚散白蚁为平额亚属白蚁。其形态与黑胸散白蚁较为相似。该白蚁群体常见卵、幼蚁、工蚁、兵蚁和补充繁殖蚁等品级；原始蚁王、蚁后不常见；一般在早春巢内出现带翅芽若蚁（见图4-47），并于当年2—4月分飞。在浙江，细颚散白蚁为优势种。

图4-47　细颚散白蚁工蚁和兵蚁（A）、带翅芽若蚁（B）

兵蚁

头黄褐色,前部色较深;上颚赤褐色;头壳被毛稀疏(见图4-48)。

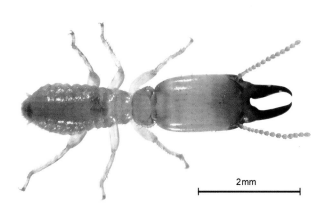

图4-48 兵蚁整体背面观

兵蚁头部:头长方形,头阔指数0.53~0.62,两侧近平行,头后缘中央略平直,后侧角稍圆;后颏最宽处位于前段的1/6处,前侧边似梯形外扩,中段稍凹,腰区细长,两侧平行,腰缩指数0.25~0.33;额峰微隆起或平,额间稍凹,头高0.90~0.92mm(见图4-49)。

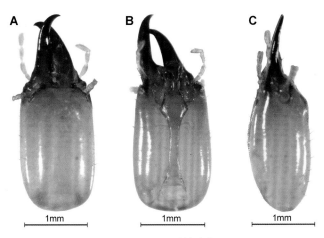

图4-49 兵蚁头部
A.背面观;B.腹面观及后颏;C.侧面观

兵蚁上唇尖矛状、黄色,唇端透明区针状,具端毛、亚端毛,缺侧端毛,宽0.34~0.39mm,长0.42~0.48mm;上颚略细直,颚端尖细而略弯,上颚长为头长的0.60~0.61、头宽的1.00~1.02倍;触角15~16节,本标本触角15节,第2节端部似一小节(见图4-50)。

兵蚁胸部:前胸背板淡黄色、梯形,宽为长的1.56~1.61倍,前、后缘中央均具凹刻,中区毛约6根;后足长0.87~0.99mm,具2个端距(见图4-51)。

图4-50
兵蚁上唇(A)、上颚(B)和触角(C)

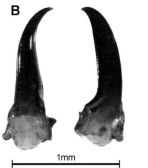

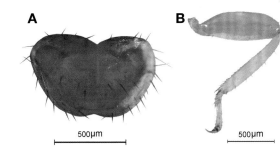

图4-51
兵蚁前胸背板(A)和后足(B)

成虫

头部栗褐色，前胸背板色相同而较深，后额和足腿节近褐色而淡，足胫节淡黄色，上唇、后唇基淡褐色，翅淡褐色（见图4-52）。

图4-52 有翅成虫侧面观

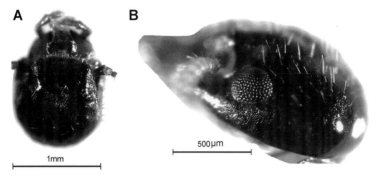

图4-53 成虫头背面观（A）和单、复眼（B）

成虫头部：头近圆形，囟点状，距额前缘约0.48mm；头背缘丘状，后唇基弱突起，低于头顶，约与单眼平，头背面具密集毛；复眼近圆形，突出率8%～10%，复眼短径明显大于其至头下缘间距，单眼长圆形，位于复眼顶端，长径长为单复眼间距的2倍（见图4-53）。

成虫胸部：前胸背板梯形，宽为长的1.47～1.58倍，前缘平直，中央浅凹入，后缘中央V形切刻；后足胫节长1.14～1.29mm；前翅长6.81～6.88mm，宽1.90mm，后翅长6.51～6.58mm，宽1.84mm，Cu脉9～11个分支（见图4-54）。

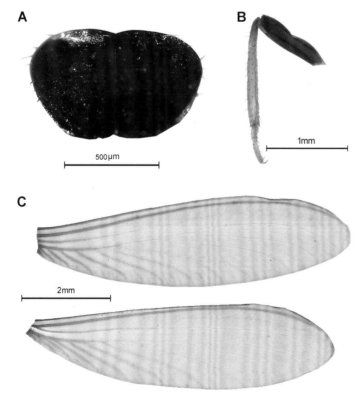

图4-54 成虫前胸背板（A），后足（B），前、后翅（C）

12 小散白蚁 *R. parvus*

小散白蚁为隆额亚属白蚁。与其他隆额亚属白蚁相比，小散白蚁兵蚁、工蚁体形较小，兵蚁头宽小于 1.00mm，额峰隆起较为明显，上颚颜色较浅，红褐色、透明。其主要栖息于松木、杉木及阔叶树种的较为细小的枯枝中。该白蚁最初在浙江龙泉发现并定名，为浙江省特有种。本图鉴中标本采集于浙江磐安大盘山的阔叶树种枯树根内（8 月下旬），巢内可见带翅芽若蚁（见图 4-55），说明小散白蚁有翅成虫可能在秋末季节在巢内产生。

图 4-55　小散白蚁带翅芽若蚁

兵蚁

　　体形较小，长约 5.45mm，体色较浅，黄白色；头淡黄色，端部色稍深；胸部淡黄色；足浅黄色；腹部浅白色、透明（见图 4-56）。

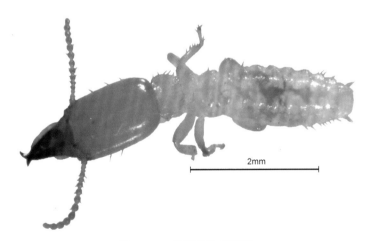

图 4-56　兵蚁整体背面观

　　兵蚁头部： 头淡黄褐色、长方形，头宽 0.90～0.98mm，头阔指数 0.60，两侧近平行，头后缘宽圆；后颏长 1.03～1.09mm，宽区位于头前段 1/4 之前，宽为 0.38～0.40mm，最狭为 0.15～0.17mm，腰缩指数 0.34；额峰稍隆起，额间稍凹（见图 4-57）。

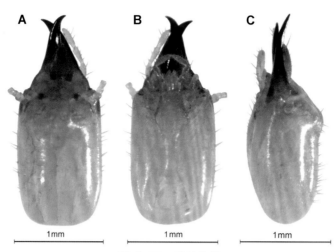

图 4-57 兵蚁头部
A. 背面观；B. 腹面观及后颏；C. 侧面观

兵蚁上唇舌状，唇端狭圆，具端毛，亚端毛细小，侧端毛长，上唇长 0.38 ~ 0.44mm，宽 0.27 ~ 0.31mm；上颚细而颚端稍弯，红褐色、稍透明，左上颚长 0.92 ~ 0.99mm，约为头长的 0.60、头宽的 1.02 倍；触角淡黄色，14 ~ 15 节，以 14 节居多，第 3 节最短（见图 4-58）。

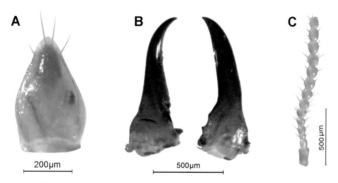

图 4-58 兵蚁上唇（A）、上颚（B）和触角（C）

兵蚁胸部： 前胸背板淡黄色、梯形，宽 0.65 ~ 0.72mm，长 0.41 ~ 0.48mm，中长 0.36 ~ 0.42mm，宽为长的 1.44 倍，前、后缘中央凹入均较明显，两侧缓斜向后，中区毛约 20 根；后足浅黄色、稍透明，胫节长 0.72 ~ 0.82mm（见图 4-59）。

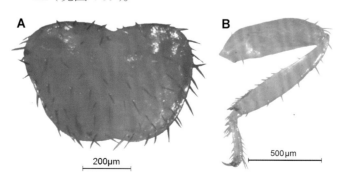

图 4-59 兵蚁前胸背板（A）和后足（B）

13 肖若散白蚁 *R. affinis*

　　肖若散白蚁为隆额亚属白蚁。其兵蚁额峰强隆起，前胸背板中区毛相对于其他隆额亚属白蚁少，约16根；其兵蚁形态上与卵唇散白蚁相似，主要区别在于：肖若散白蚁兵蚁上唇矛状，唇端稍钝，头形较为粗短（头阔指数高）；卵唇散白蚁兵蚁上唇舌状，头形细长。本图鉴中标本采集于浙江龙泉（10月下旬），巢内具有有翅成虫。

兵蚁

　　头暗褐黄色，上颚深紫褐色，腹部暗黄白色，头壳毛稀疏（见图4-60）。

　　兵蚁头部： 头褐黄色、长方形，宽1.15～1.30mm，头长至上颚基1.89～2.04mm，头阔指数约0.59，两侧平行，后缘中央平

图4-60　兵蚁整体背面观

图4-61　兵蚁头部
A.背面观；B.腹面观及后颏；C.侧面观

直；后颏长1.52～1.80mm，宽区位于前1/5段，腰区两侧平行，腰缩指数0.32～0.38；额峰明显隆起，峰间凹入较浅（见图4-61）。

　　兵蚁上唇深黄色、长矛状，前部瘦窄，唇端稍钝，具端毛、亚端毛和侧端毛；上颚细长，颚端颇弯，颚基峰不明显，左上颚长1.18～1.30mm；触角淡黄色，16～17节。本标本17节，第3、4节短（见图4-62）。

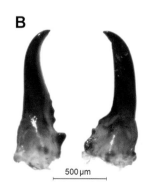

图4-62　兵蚁上唇（A）、上颚（B）和触角（C）

兵蚁胸部： 前胸背板深黄色，宽 0.91~1.04mm，中长 0.46~0.49mm，宽为长的 1.42~1.63 倍，前缘颇宽于后缘，两侧缘近直线急向后弯，四角狭圆，前、后缘平直，中央均凹刻，前缘宽 V 形凹切较深，后缘中央浅切入，中区毛约 16 根；后足淡黄色，胫节长 0.96~1.09mm（见图 4-63）。

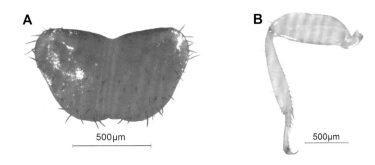

图 4-63 兵蚁前胸背板（A）和后足（B）

成虫

头壳栗褐色，后颏黄色，上唇、后唇基淡褐色，触角褐色，前胸背板黄色，足腿节淡褐色，胫节灰黄色，翅灰褐色（见图 4-64）。

成虫头部： 头近圆形，密被长毛，头长稍大于宽，头宽不连复眼 0.96~1.11mm，头长至上颚基 1.02~1.13mm，囟点状，位于头顶中央，距额缘 0.51~0.52mm；后颏浅褐色、稍透明，呈长方形，中间略宽。侧面观头顶突起，向后急下陷，额与头顶较平缓，头高不连后颏 0.65~0.69mm（见图 4-65）。

成虫上唇淡褐色，唇背面色较深，唇端中央具长毛，近圆形，宽 0.37~0.43mm，长 0.39~0.54mm；上颚褐黄色，左、右上颚各具 3 枚缘齿，其中右上颚第 1 缘齿紧靠第 2 缘齿；触角褐色，17 节，第 3 节最短；复眼圆三角形，突出率 2%~6%，其短径长于其与头下缘间距，单眼近圆形，其与复眼间距约等于其短径（见图 4-66）。

图 4-64 有翅成虫（上）和脱翅成虫（下）

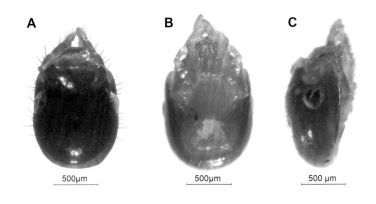

图 4-65 成虫头部
A. 背面观；B. 腹面观及后颏；C. 侧面观

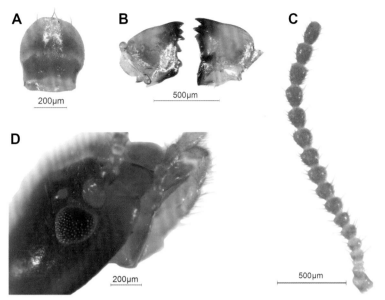

图 4-66　成虫上唇（A），上颚（B），触角（C），单、复眼（D）

成虫胸部：前胸背板浅黄褐色、近扁方形，宽 0.90～1.00mm，中长 0.53～0.59mm，宽为长的 1.40～1.53 倍，前、后缘中央凹切明显；后足腿节淡褐色，其余节段色淡，胫节长 1.23～1.37mm；翅灰褐色、宽而长，翅尖宽圆，前翅长不连翅鳞 8.35～8.43mm，宽 2.31～2.38mm，Cu 脉约具 11 个分支（见图 4-67）。

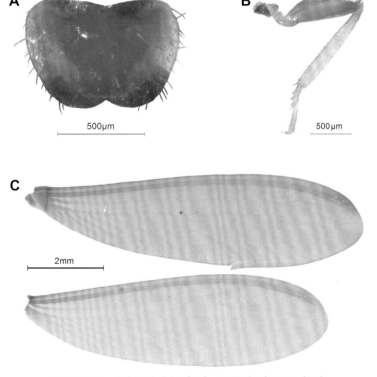

图 4-67　成虫前胸背板（A）、后足（B）和翅（C）

14 卵唇散白蚁 *R. ovatilabrum*

卵唇散白蚁为隆额亚属白蚁。其兵蚁上颚长大于 1.15mm，上唇舌状，中区毛约 30 根。本图鉴中标本采集于浙江武义。

兵蚁头部：头淡褐色，毛较稀，长方形，宽 1.23～1.33mm，头长至上颚基 2.41～2.59mm，头阔指数 0.51～0.54，两侧平行，后缘平直；后颏长 1.84～1.97mm，宽区约位于前段 1/6 处之后，前侧边平行后急后扩，腰区狭长，两侧平行，腰缩指数 0.29～0.38；额峰强隆起，峰间凹下，头高 1.14～1.21mm（见图 4-68）。

兵蚁上唇黄色、舌状，似直立卵形，唇端宽圆，端毛、亚端毛和侧端毛近等长；上颚紫褐色、短壮，颚端甚弯，颚基峰突出，左上颚长 1.16～1.25mm，为头长

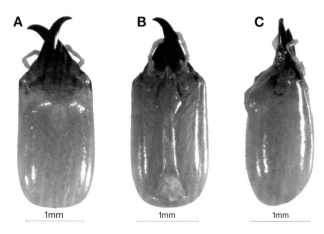

图 4-68　兵蚁头部
A. 背面观；B. 腹面观及后颏；C. 头侧面观

的 0.48～0.49、头宽的 0.86～0.95；触角淡黄色，17 节，第 4 节最短（见图 4-69）。

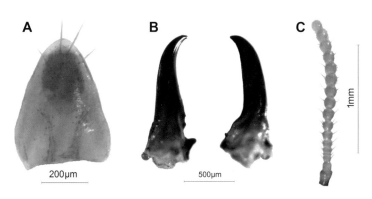

图 4-69　兵蚁上唇（A）、上颚（B）和触角（C）

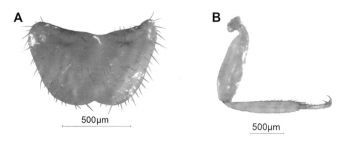

图 4-70　兵蚁前胸背板（A）和后足（B）

兵蚁胸部：前胸背板黄褐色、梯形，宽 1.00～1.13mm，中长 0.56～0.63mm，宽为长的 1.5～1.6 倍，前缘宽 V 形浅凹入，后缘中央凹入较深，中区毛近 30 根；后足淡黄色，胫节长 1.08～1.15mm（见图 4-70）。

15 花胸散白蚁 *R. fukienensis*

花胸散白蚁为隆额亚属白蚁。其显著特点是：兵蚁前胸背板中区毛较多，约40根，上唇矛状。该白蚁模式标本采集于福建，起初定名为福建散白蚁。本图鉴中标本采集于浙江杭州天目山。

兵蚁头部：头黄褐色，被毛适度，长方形，宽 1.05～1.11mm，头长至上颚基 1.78～2.12mm，头阔指数 0.54～0.60，两侧平行，触角窝后方稍狭，头后缘宽圆；后颏长 1.26～1.33mm，宽区位于前段 1/5 处，前侧边梯形，中段稍凹，腰区宽长，两侧宽弧形，后颏长为腰宽的 6～7 倍，腰缩指数 0.39～0.44，额峰隆起，额间宽平，头高 0.82～0.94mm（见图 4-71）。

兵蚁上唇黄色、矛状，唇端三角形尖出，具端毛，亚端毛细微，缺侧端毛；上颚紫褐色，端尖细而甚弯，弯端较长，左上颚长 1.02～1.05mm，上颚长为头长的

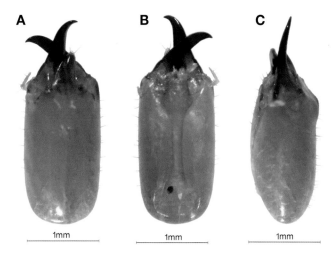

图 4-71 兵蚁头部
A. 背面观；B. 腹面观及后颏；C. 侧面观

0.50～0.60、头宽的 0.93～0.97；触角淡黄色，15～16 节，本标本 16 节（见图 4-72）。

兵蚁胸部：前胸背板黄色，宽 0.71～0.82mm，中长 0.42～0.48mm，宽为长的 1.46～1.59 倍，前缘中央 V 形凹入，后缘中央凹入明显，中区毛约 40 根（见图 4-73）。

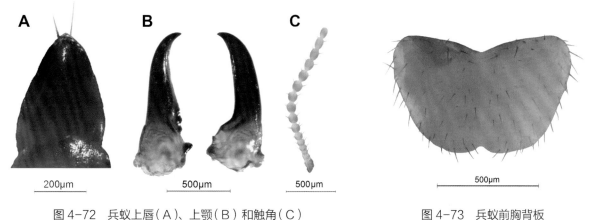

图 4-72 兵蚁上唇（A）、上颚（B）和触角（C）　　图 4-73 兵蚁前胸背板

16 黄胸散白蚁 *R. flaviceps*

　　黄胸散白蚁为隆额亚属白蚁。其形态上与近黄胸散白蚁极为相似，区别在于：黄胸散白蚁上唇具侧端毛，近黄胸散白蚁上唇缺侧端毛。该白蚁巢群小而分散，群体中常见幼蚁、工蚁、兵蚁及少量的补充繁殖蚁等品级，原始型蚁王、蚁后不多见（见图 4-74），有翅成虫往往于晚秋季节在巢中产生，并于翌年春天分飞。黄胸散白蚁主要危害枯死树桩、枯枝、枯树皮，也危害木质建筑结构或部件，是浙江省散白蚁优势种。

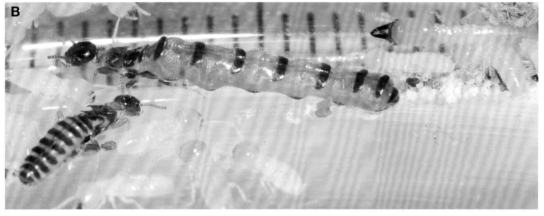

图 4-74　有翅成虫（A）和各品级（B）

兵蚁

　　头黄褐色，头端部色较深，上颚紫褐色，头壳被毛稀疏（见图 4-75）。

　　兵蚁头部：头壳长方形，头阔指数 0.60～0.71，两侧近平行，向后稍扩，头后缘宽圆；后颏宽区位于前段 1/5 处，前侧边近梯形，腰区较宽，两侧近宽弧形，腰缩指数 0.36～0.44；额峰隆起，颚间近平（见图 4-76）。

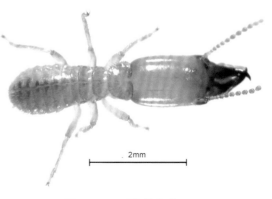

图 4-75　兵蚁整体背面观

图 4-76　兵蚁头部
A. 背面观；B. 腹面观及后颏；C. 侧面观

　　兵蚁上唇矛状，唇端狭圆至尖圆，具端毛、亚端毛和侧端毛，且均较长，上唇长 0.41～0.46mm，宽 0.31～0.35mm；触角 16 节，第 3、4 节较短；上颚军刀状，颚体较直，右颚端几未弯，左颚端稍弯，上颚长为头长的 0.59、头宽的 0.93（见图 4-77）。

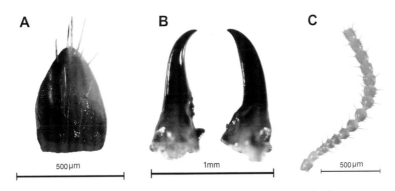

图 4-77　兵蚁上唇（A）、上颚（B）和触角（C）

　　兵蚁胸部：前胸背板近梯形，宽约为长的 1.57 倍，前缘呈两宽弧状相交，中央浅凹，后缘近平直，中央稍凹，两侧缘似倒梯形，中区毛 20 余根；后足胫端距 2 个，胫节长 0.80～0.89mm（见图 4-78）。

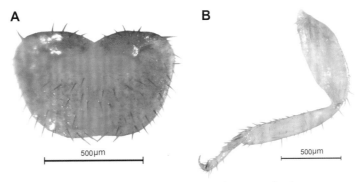

图 4-78　兵蚁前胸背板（A）和后足（B）

17 近黄胸散白蚁 *R. periflaviceps*

近黄胸散白蚁为隆额亚属白蚁。其形态上与黄胸散白蚁相似，区别主要在于：近黄胸散白蚁兵蚁上唇缺侧端毛，触角 15 节（黄胸散白蚁触角 16 节），是浙江省散白蚁优势种。

兵蚁

头淡黄色，上颚紫褐色，胸、腹部及足白色带黄，头背被分散短毛（见图 4-79）。

兵蚁头部：头壳长方形，头阔指数 0.61～0.64，两侧近平行，稍向后扩，头后缘宽圆，额孔点状，位于前段 1/3 处之后，孔前毛 2 对；后颏前区近梯形，至前段 1/5 处最宽，由后段 2/5 处渐向后扩，腰区位于中段，两侧平行，后腰长为腰宽的 7.35～7.62 倍，头宽为腰宽的 6.29～6.69 倍，腰缩指数 0.40～0.41；额单峰型，侧面观额峰适度隆起，额前坡约 40°，后坡约 160°（见图 4-80）。

图 4-79　兵蚁整体背面观

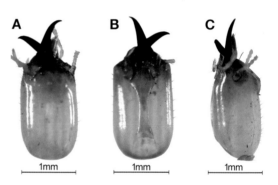

图 4-80　兵蚁头部
A. 背面观；B. 腹面观及后颏；C. 侧面观

兵蚁上唇淡黄褐色、矛状，唇端狭圆，长约为宽的 1.2 倍，端毛较长，亚端毛微小，缺侧端毛；触角 15 节，第 3 节或第 4 节最短，本标本第 4 节最短；上颚紫褐色、军刀状，颚端稍弯，左上颚长为头长的 0.60～0.62、头宽的 0.94～1.00（见图 4-81）。

兵蚁胸部：胸黄色带白，前胸背板宽为长的 1.49～1.66 倍，前缘宽凹入，后缘较平直，中央浅凹，中区长毛约 20 根；后足白色带黄，胫端距 2 个，胫节长 0.83～0.86mm（见图 4-82）。

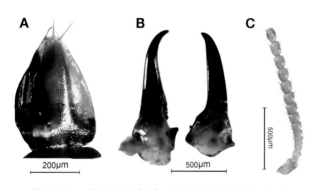

图 4-81　兵蚁上唇（A）、上颚（B）和触角（C）

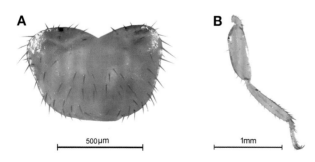

图 4-82　兵蚁前胸背板（A）和后足（B）

成虫

头壳栗褐色、偏黑；前胸背板淡黄色；腹部栗褐色；足腿节深黄褐色，胫节淡黄色（见图4-83）。

图4-83 有翅成虫（A）和脱翅成虫（B）

成虫头部：头壳圆形而稍长，唇基及上唇淡黄色，上颚偏淡褐色；后颏淡黄色，与下颚、下唇同色，近长方形；复眼近圆形，复眼和头下缘间距约与复眼直径相等，单眼近圆形，单复眼间距约为单眼长径；触角黑褐色，17节，第2、3节颜色偏浅，其中第3节最短（见图4-84）。

成虫胸部：前胸背板淡黄色，近前缘两侧分别有1个椭圆黑影，前、后缘近平直，前缘中央宽浅凹入，后缘中央凹入较深，背板中区及周围具较多长毛；后足胫节长1.06～1.09mm；前、后翅淡黑色、透明（见图4-85）。

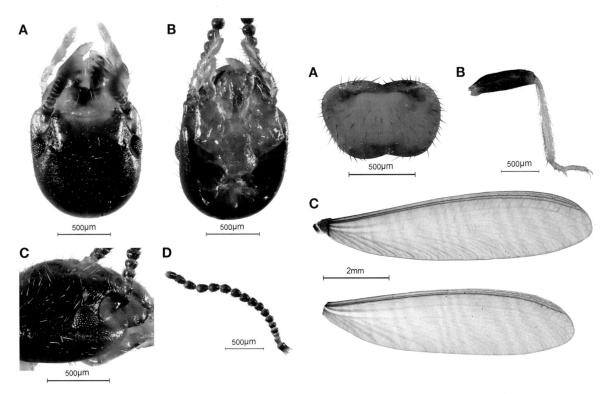

图4-84 成虫头部
A.头背面观；B.头腹面观及后颏；C.单、复眼；D.触角

图4-85 成虫前胸背板（A）、后足（B）和翅（C）

五、乳白蚁属 *Coptotermes*

乳白蚁因个体呈乳白色，或因其兵蚁头前部能分泌乳白色液体而得名（见图4-86）。它们也常见于室内，所以也称为家白蚁。乳白蚁成熟群体数量庞大，取食量大，对房屋建筑木结构破坏巨大，是我国南方主要白蚁危害类群，也是一类世界性的重要害虫，被称为超级白蚁。

乳白蚁是一类土木两栖性白蚁，其蚁巢既可以建在地下，也可建在野外树干内、室内门窗旁、木柱与地面间、梁与墙交接处等地上部分。蚁巢由土、木屑、白蚁粪便以及分泌的唾液黏合而成，巢外围一层厚3～5cm的疏松泥壳（防水层）。一个蚁巢一般含一个主巢和多

图4-86　乳白色的工蚁（A）、兵蚁（B）及兵蚁分泌乳白色液体（C）

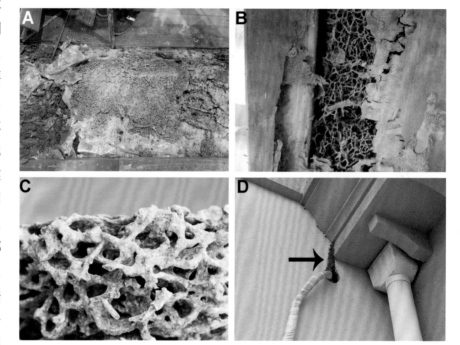

图4-87　乳白蚁蚁巢结构
A. 地板中的主巢；B. 门框内的副巢；C. 巢体结构；D. 汲水线

个副巢（又称菌圃），白蚁在主巢与副巢间来来往往，主巢一般靠近水源处，副巢也有可能成为主巢（见图4-87）。

形态上，**兵蚁**头卵形，前端明显变狭，囟为大型孔口，位于头前端，呈短管延出，朝向前方，上颚细而弯曲，除基部的锯形缺刻外，内缘光滑无齿，触角13～17节，上唇矛状，前胸背板平坦，狭于头部。**有翅成虫**头部宽卵形，后唇基极短而平，触角18～25节，前胸背板扁平，狭于头部，前翅鳞大于后翅鳞且覆盖在后翅鳞之上，翅脉有极浅淡的网状纹，翅面具毛，前翅M脉由肩缝处独立伸出，后翅M脉由Rs脉基部分出，M脉距Cu脉极近，囟位于头中部。

依据兵蚁形态，该属的种间主要分类特征如下：①前胸背板中区毛数；②头形；③头宽；④头长至上颚基；⑤触角节数；⑥后颏形态；⑦囟孔形状；⑧前胸背板宽。

本图鉴记录2种乳白蚁，分别为台湾乳白蚁和苏州乳白蚁。

18 台湾乳白蚁 *C. formosanus*

台湾乳白蚁是我国常见的乳白蚁种类，取食枯树桩、枯枝、活树枯死部位，也危害门框、窗框、地板等木质部件。与格斯特乳白蚁相比，台湾乳白蚁体背毛较多。该白蚁一般在早春巢内出现有翅成虫，4—6 月的傍晚（17:00—20:00）分飞，分飞前后往往伴随降雨，且天气较闷热。

兵蚁

头、触角浅黄色，上颚黑褐色，腹部乳白色（见图 4-88）。

兵蚁头部： 头呈椭圆形，最宽处在头的中段以后，前端及后端皆比中段狭窄；后颏浅黄色，最宽处位于前段 2/5 处，之后渐窄。侧面观头背部较平直，头顶囟孔前段凹陷明显（见图 4-89）。

图 4-88　兵蚁整体背面观

兵蚁囟孔上窄下宽，呈卵圆形，大而显著，位于头前端的一个微突起的短管上，朝向前方，囟孔两侧具 2 根刚毛，囟孔与触角窝之间各具 1 根刚毛（见图 4-90）。

图 4-89　兵蚁头部
A. 背面观；B. 腹面观及后颏；C. 侧面观

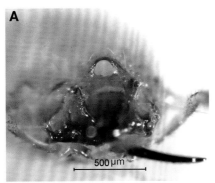
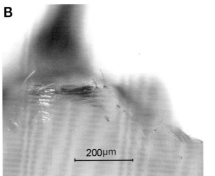

图 4-90　兵蚁囟孔（A）和囟孔周围刚毛（B）

兵蚁上唇近舌形，具2根长端毛，前端尖有一不很明显的透明尖，伸达闭拢的上颚长度的一半；上颚镰刀形，前部弯向中线，左上颚基部有一深凹刻，其前另有4个小突起，愈靠前者愈小，最前的小突起位于上颚中点之后，颚面的其余部分光滑无齿；触角14～15节，多数第3节或第4节较短，本标本15节（见图4-91）。

兵蚁胸部：前胸背板淡黄色、偏白，形平坦，比头狭窄，前缘和后缘中央有凹缺，背板及周缘毛较多；后足淡黄白色，胫节长0.90～1.05mm（见图4-92）。

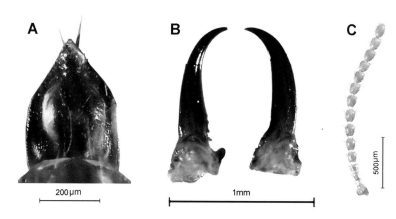

图4-91　兵蚁上唇（A）、上颚（B）和触角（C）

图4-92　兵蚁前胸背板（A）和后足（B）

图4-93　脱翅成虫（左）和有翅成虫（右）

成虫

头背面深黄褐色，胸、腹背面褐黄色，比头色淡，腹部腹面黄色，翅淡黄色、半透明（见图4-93）。

成虫头部：头呈近圆形，后唇基极短，形如一横条，淡黄色，略隆起，长度相当于宽度的1/4～1/3；前唇基白色，长于后唇基，上唇淡黄色，前端圆形；复眼近圆形，单眼长圆形，其与复眼的距离小于单眼本身的宽度；触角19～21节，多数第3节或第4节较短，本标本20节，第3、4节较短（见图4-94）。

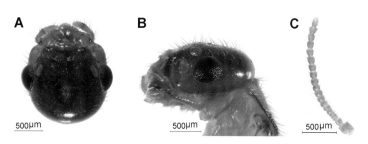

图4-94　成虫头背面观（A），头侧面观及单、复眼（B），触角（C）

成虫胸部：前胸背板前缘两侧向后圆出，中央略凹入，侧缘与后缘连成半圆形，后缘中央向前方凹入，背面及后缘具较密集毛；后足淡褐黄色，胫节长 1.32～1.53mm（见图 4-95）。

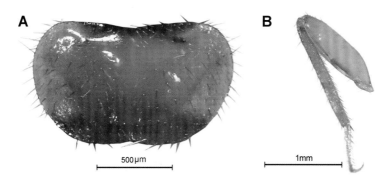

图 4-95　成虫前胸背板（A）和后足（B）

翅微淡黄色，前翅鳞大于后翅鳞；翅面密布细短毛；前翅 M 脉在肩缝处独立伸出，距 Cu 脉较近于 Rs 脉，Cu 脉有 6～8 个分支；后翅 M 脉有 Rs 脉基部分出，分出后距离 Cu 脉较距 Rs 脉近，Cu 脉有 7 或 8 个分支（见图 4-96）。

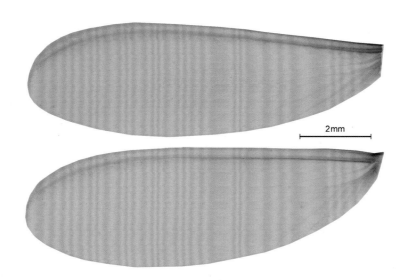

图 4-96　成虫前翅（上）和后翅（下）

19 苏州乳白蚁 *C. suzhouensis*

苏州乳白蚁与台湾乳白蚁形态上相似，Chouvenc 等（2016）认为它是不确定的种。两者的区别在于头最宽处位置，苏州乳白蚁头最宽处位于中段，而台湾乳白蚁头最宽处位于中后部；此外，苏州乳白蚁体形更大。

兵蚁

头部棕黄色，上颚深褐色，触角暗黄色（见图 4-97）。

图 4-97　兵蚁整体背面观

兵蚁头部： 头棕黄色，被长毛和短毛，椭圆形，最宽处位于中部，头宽 1.25～1.35mm，头长至上颚基 1.60～1.67mm；后颏长 0.97～1.09mm，最宽处较隆起，其前端侧缘中部较内凹，腰部较宽，最狭处位于中部；侧面观背缘较平直，仅中部微拱，额区囟孔处倾斜较深（见图 4-98）。

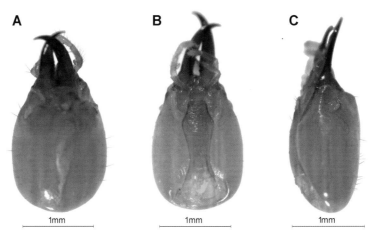

图 4-98　兵蚁头部
A. 背面观；B. 腹面观及后颏；C. 侧面观

兵蚁囟孔内缘呈圆拱形，高大于宽，侧面观囟孔微后倾，几乎垂直；囟孔具 2 对毛，囟孔和触角窝之间具 1 对毛（见图 4-99）。上唇具端毛和亚端毛各 1 对，中区毛 1 对较长，上唇较宽，最宽处位于中部之后，端部透明区为三角形；上颚粗壮，自中段渐向内弯，弯端延伸较长；触角 15～16 节，第 2 节长于第 4 节，第 3 节最短（见图 4-100）。

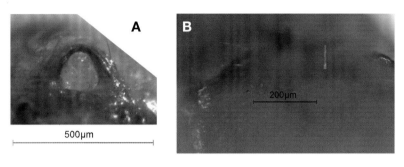

图 4-99　兵蚁囟孔（A）和囟孔刚毛（B）

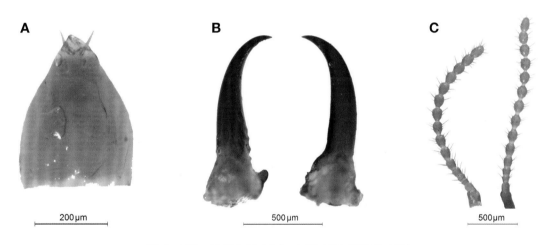

图 4-100　兵蚁上唇（A）、上颚（B）和触角（C）

兵蚁胸部：前胸背板黄色，具长毛和短毛，沿前缘具较密的毛，宽 0.87～0.98mm，中长 0.51～0.60mm，前、后缘中央凹口浅宽；后足淡黄色，胫节长 1.18～1.25mm（见图 4-101）。

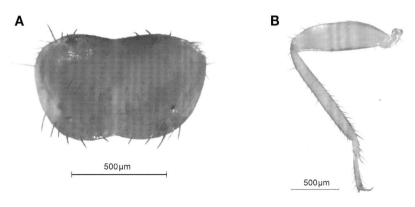

图 4-101　兵蚁前胸背板（A）和后足（B）

第五章
CHAPTER 5

白蚁科 Termitidae

　　白蚁科是等翅目中最大的一个科，分8亚科，238属。本图鉴记录了浙江省4亚科，11属。

（1）大白蚁亚科：土白蚁属、大白蚁属；

（2）尖白蚁亚科：亮白蚁属；

（3）白蚁亚科：华扭白蚁属、近扭白蚁属、钩扭白蚁属；

（4）象白蚁亚科：钝颚白蚁属、象白蚁属、夏氏白蚁属、华象白蚁属、奇象白蚁属。

白蚁科分亚科检索表
工蚁和兵蚁

1. 工蚁上唇具暗黑色骨化横斑，培菌白蚁 ·· **大白蚁亚科 Macrotermitinae**

　 工蚁上唇缺暗黑色骨化横斑，非培菌白蚁 ·· 2

2. 工蚁左上颚第1/2融合缘齿与第3缘齿间有明显缺口或凹痕 ···········**尖白蚁亚科 Apicotermitinae**

　 工蚁左上颚第1/2融合缘齿与第3缘齿间缺口或凹痕不明显 ·· 3

3. 兵蚁头不呈象鼻状，上颚发达 ·· **白蚁亚科 Termitinae**

　 兵蚁头呈象鼻状，上颚不显或退化 ···**象白蚁亚科 Nasutitermitinae**

　　大白蚁亚科为土栖性白蚁，最大特点是能在蚁巢内培养真菌（见图5-1），供其取食，所以也称培菌白蚁。

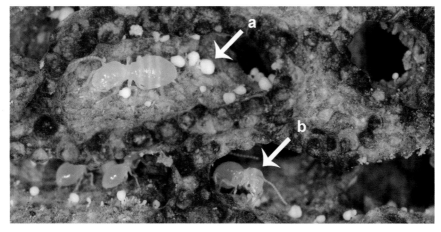

图 5-1　大白蚁亚科蚁巢菌圃
a.共生真菌（小白球菌）；b.幼蚁

大白蚁亚科与尖白蚁亚科、白蚁亚科、象白蚁亚科这 3 个亚科的区别还体现在：大白蚁亚科工蚁或成虫上唇有暗黑色骨化横斑，其余 3 个亚科则没有（见图 5-2）。

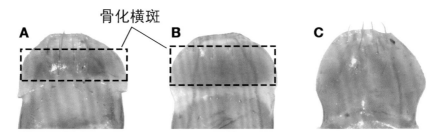

图 5-2　大白蚁亚科 [土白蚁属（A）、大白蚁属（B）] 和象白蚁亚科（C）工蚁上唇

尖白蚁亚科最显著的特点是：群体内兵蚁数量很少，甚至没有。与白蚁亚科和象白蚁亚科相比，尖白蚁亚科工蚁或成虫左上颚第 1/2 融合缘齿与第 3 缘齿间有明显缺口或凹痕（见图 5-3）。

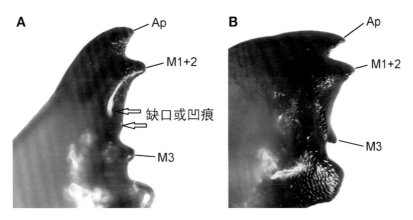

图 5-3　尖白蚁亚科（A）和象白蚁亚科（B）工蚁左上颚
Ap. 端齿；M1+2. 第 1/2 融合缘齿；M3. 第 3 缘齿

白蚁亚科与象白蚁亚科相比，其兵蚁上颚发达；**象白蚁亚科**兵蚁头呈象鼻状（见图 5-4）。

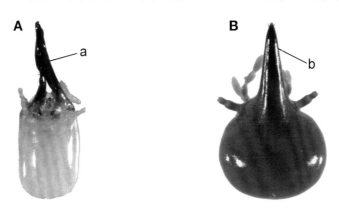

图 5-4　白蚁亚科（A）和象白蚁亚科（B）兵蚁头部
a. 上颚；b. 头呈象鼻状

大白蚁亚科中，**大白蚁属**和**土白蚁属**的鉴别特征在于兵蚁的型态数。大白蚁属兵蚁有二型或三型，而土白蚁属兵蚁仅一型（见图 5-5）。

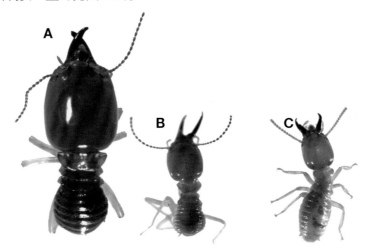

图 5-5 大白蚁属二型兵蚁［大兵蚁（A）、小兵蚁（B）］和土白蚁属兵蚁（C）

白蚁亚科中，**华扭白蚁属**、**近扭白蚁属**、**钩扭白蚁属**的鉴别特征在于前足胫距数和上颚形态。华扭白蚁属前足胫距 2 枚，而近扭白蚁属和钩扭白蚁属胫距都为 3 枚（见图 5-6）。三个属的左、右上颚都不对称。华扭白蚁左上颚弯曲，顶端弯曲成钩，右上颚刀剑状；近扭白蚁左上颚中段强弯，顶端宽钝，内切缘斜向前方，右上颚刀状；钩扭白蚁左上颚弯曲，顶端强弯成钩，右上颚刀剑状。钩扭白蚁属的上颚最大，华扭白蚁属次之，近扭白蚁属最小（见图 5-7）。

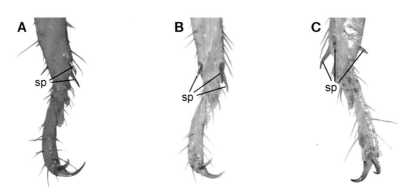

图 5-6 华扭白蚁属（A）、近扭白蚁属（B）和钩扭白蚁属（C）兵蚁前足
sp. 胫距

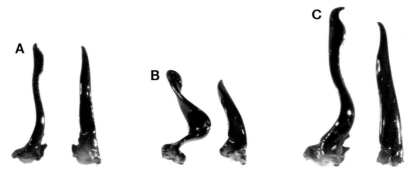

图 5-7 华扭白蚁属（A）、近扭白蚁属（B）和钩扭白蚁属（C）兵蚁上颚

象白蚁亚科中**钝颚白蚁属、象白蚁属、夏氏白蚁属、华象白蚁属、奇象白蚁属**这5属在兵蚁形态上的区别在于：①触角窝后是否收缩；②型态数；③头的形态与颜色；④上颚形态。

象白蚁亚科分属检索表
兵 蚁

1. 触角窝后明显收缩··**钝颚白蚁属 Ahmaditermes**

   触角窝后不收缩··· 2

2. 兵蚁一型··**象白蚁属 Nasutitermes**

   兵蚁二型或三型··· 3

3. 大兵蚁上颚齿钝或不明显··**夏氏白蚁属 Xiaitermes**

   大兵蚁上颚具端刺或锐齿··· 4

4. 大兵蚁头棕黄色··**华象白蚁属 Sinonasutitermes**

   大兵蚁头褐色··**奇象白蚁属 Mironasutitermes**

钝颚白蚁属的显著特点是兵蚁触角窝后有明显收缩；象白蚁属、夏氏白蚁属、华象白蚁属、奇象白蚁属兵蚁触角窝后均不收缩（见图5-8）。钝颚白蚁属兵蚁存在一型或二型，头梨形；象白蚁属兵蚁只有一型，头近圆形或长卵形；夏氏白蚁属兵蚁头圆形，宽略大于长；华象白蚁属兵蚁头宽圆形、棕黄色；奇象白蚁属兵蚁头宽圆形、褐色。头形大小为：钝颚白蚁属（大兵蚁）= 象白蚁属 < 夏氏白蚁属 < 华象白蚁属（大兵蚁）= 奇象白蚁属（大兵蚁）。

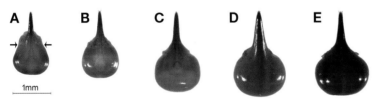

图 5-8　象白蚁亚科兵蚁头形与颜色
A. 钝颚白蚁属；B. 象白蚁属；C. 夏氏白蚁属；D. 华象白蚁属；E. 奇象白蚁属
箭头：触角窝后收缩

钝颚白蚁属、象白蚁属、华象白蚁属和奇象白蚁属兵蚁上颚都具有端刺，而夏氏白蚁属兵蚁上颚齿钝或不明显（见图5-9）。

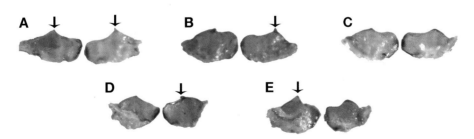

图 5-9　象白蚁亚科兵蚁上颚
A. 钝颚白蚁属；B. 象白蚁属；C. 夏氏白蚁属；D. 华象白蚁属；E. 奇象白蚁属
箭头：端刺

六、土白蚁属 *Odontotermes*

　　土白蚁属为土栖性白蚁，其蚁巢建于地下，较为复杂，蚁巢从初建到成熟，有一个发展过程，蚁巢需经过几次转移，并且巢位也逐渐由浅入深推移。巢群内蚁王、蚁后居住于由细腻泥土构成的王室内，王室处于主巢中（有些种类无明显主巢结构），主巢通过蚁道与一些较小的腔室相连，这些腔室往往存放有菌圃，以供白蚁培养真菌及取食（见图 5-10）。

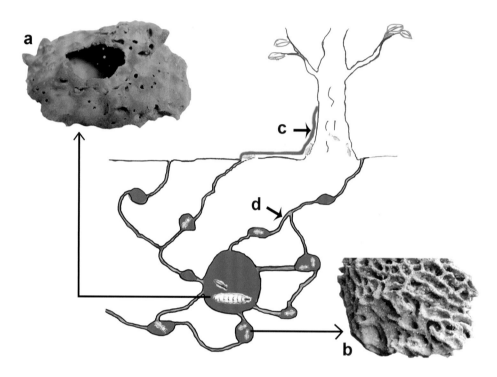

图 5-10　土白蚁地下蚁巢系统
a. 王室；b. 菌圃；c. 泥路（蚁路）；d. 蚁道

　　土白蚁一般在野外取食活动，很少侵入室内环境，取食枯枝落叶、活树皮，在取食部位往往形成较多的泥线、泥被，且泥线、泥被颗粒较细腻（与大白蚁相比），对园林树木、农林植物，以及江河堤坝危害较大（见图 5-11）。

图 5-11　枯树枝表面的泥线（A）和树干表皮的泥被（B）

在浙江，土白蚁一般在4—6月的傍晚分飞，分飞前后往往伴随降雨，且天气较闷热。分飞季节，在土白蚁活动的地表会发现一些成群分布的、不同于周围土壤的、突起的小泥巴，扒开泥块，有一些呈线条状或半月状的孔洞，这些结构为土白蚁突起状的分飞孔，也称为孔突（见图5-12）。

图 5-12　土白蚁形成的分飞孔

形态上，**兵蚁**头呈卵圆形，长大于宽，前端往往狭窄，额部扁平，囟不显，上唇无透明尖部，两侧边缘有长毛，上颚弯曲，军刀状，左上颚具有一枚大的尖齿，触角15～18节，后额长方形，中部甚宽，前胸背板狭于头宽，马鞍形。种间鉴别特征主要表现在（见图5-13）：①左上颚齿着生位置；②头形；③头宽；④左上颚长；⑤后足胫节长。

本图鉴记录3种土白蚁，分别为黑翅土白蚁、浦江土白蚁和富阳土白蚁。

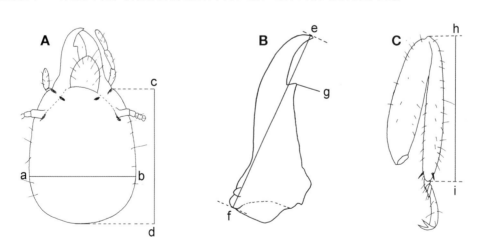

图 5-13　土白蚁属兵蚁形态测量图（潘程远绘）
头背面（A）、左上颚（B）和后足（C）
ab. 头宽；cd. 头长至上颚基；ef. 左上颚长；g. 左上颚缘齿；hi. 后足胫节长

20 黑翅土白蚁 *O. formosanus*

黑翅土白蚁为土栖性白蚁，筑地下巢，多在野外活动，取食枯枝、落叶、活树树皮，对园林绿化植物、农林经济作物和江河水库堤坝危害较大（见图 5-14）。一年中，黑翅土白蚁活动往往出现两个高峰，分别在 5—6 月和 9—11 月，在这两个阶段，黑翅土白蚁工蚁野外地表活动明显。该白蚁为浙江省土白蚁优势种。

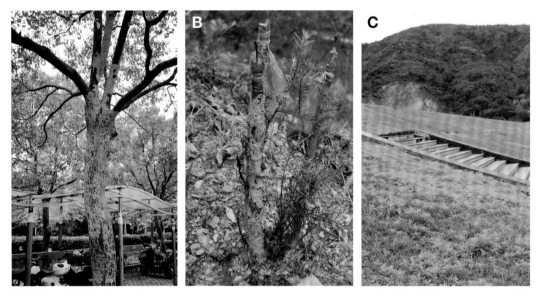

图 5-14　黑翅土白蚁在园林树木（A）、香榧砖木（B）和水库堤坝（C）上的危害

黑翅土白蚁是一种培菌白蚁，其成熟群体蚁巢结构较为复杂，主要由主巢和众多菌圃组成（见图 5-15），主巢与菌圃之间有错综复杂的蚁道相连。

图 5-15　主巢（A）和菌圃（B）

　　菌圃是蚁巢的主体，处在不断演变的新陈代谢之中，从无到有，从少到多，经历了新建、发达、萎缩的过程。菌圃在数量和体积改变的同时，其他方面亦有种种变化：形态上由单层发展为多层套合体；颜色随菌圃的新生、再利用、陈旧而由紫褐色变为黄褐色乃至灰白色；质地由软而结实过渡到松散状况。巢腔是容纳菌圃的地方，巢腔的扩大与菌圃的增长往往是同时进行的，但也会有先造巢腔后发展菌圃的。

　　白蚁主巢由巢页（或菌圃）、泥骨架、王室和巢壳组成（见图5-16）。主巢具有调节水分的功能，其含水量不会因土质、蚁巢入土深度及周围土壤含水量不同而有明显差异。巢壳是随白蚁群体发展而发育起来的蚁巢保护层，在主巢几经转移的壮大过程中，巢壳亦相应加厚，其质地较为柔软，颜色黄褐色，较为湿润。王室往往由细腻的泥土构成，土层上下为多孔结构，中间形成一个大空室，蚁王、蚁后就居住于此（见图5-17）。

图 5-16　主巢结构

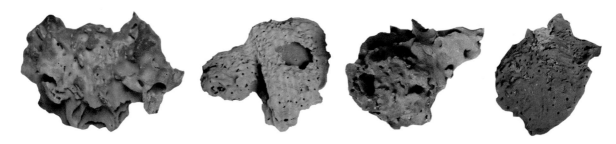

图 5-17　王室形态

在死亡的黑翅土白蚁蚁巢中，其菌圃在未腐烂前可产生菌核，直径 2～10cm，一个菌圃上可产生许多个菌核，在 5—10 月，当菌圃周围土温在 20℃以上时，菌核中菌丝完成营养生长后，形成鹿角状或棍棒状的子实体，从蚁巢中长出地面，呈丛状分布。鹿角菌有很强的穿土能力，最深可从地表 2m 以下的土层的蚁巢中长出地面。鹿角菌和碳棒菌被认为是黑翅土白蚁巢群死亡指示物（见图 5-18）。

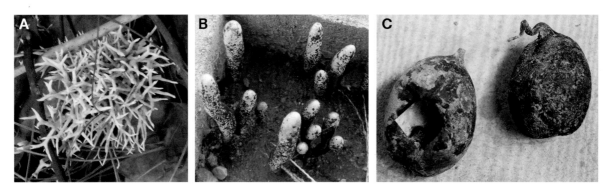

图 5-18　鹿角菌（A）、碳棒菌（B）和菌核（C）

成熟的黑翅土白蚁巢群中常见卵、幼蚁、工蚁、前兵蚁、兵蚁和蚁王、蚁后等品级（见图 5-19），在特定时期，也存在带翅芽的若蚁和有翅成虫。蚁卵椭圆形、白色透明，产下后往往被工蚁搬运至菌圃中抚养；卵被孵化后即为幼蚁，一般个体较小、白色；幼蚁经 3 次蜕皮分化为工蚁，也可分化为带翅芽的若蚁，若蚁可再发育为有翅成虫；幼蚁还可经 2 次蜕皮后分化为前兵蚁，前兵蚁最后变为兵蚁。

图 5-19　黑翅土白蚁各品级
A. 工蚁；B. 蚁王及蚁后；C. 兵蚁；D. 蚁卵及幼蚁

兵蚁

头暗黄色，腹部淡黄色至灰白色，头部毛被稀疏，胸、腹部有较密集的毛（见图 5-20）。

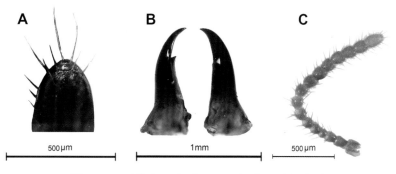

图 5-20　兵蚁整体背面观

兵蚁头部：头卵圆形，长大于宽，最宽处在头的中后部，前端略狭窄；后颏黄色、短粗，前端狭窄，略突向腹面；额部平坦，头背面中区稍隆起，具稀疏毛（见图 5-21）。

图 5-21　兵蚁头部

A. 背面观；B. 腹面观及后颏；C. 侧面观

兵蚁上唇深黄色、舌形，前端窄而无透明小块，两侧呈弧形，后部较宽，上唇沿侧边有 1 列直立的长刚毛，背面具稀疏长毛，端部约伸达上颚中段，未遮盖颚齿；上颚镰刀状，左上颚齿位于中点前方，齿尖斜朝向前，右上颚内缘相应部位有 1 枚微齿，小而不显著；触角 16～17 节，第 2 节长约等于第 3 节与第 4 节长之和，第 3 节长于或有时短于第 4 节，本标本 16 节，第 4 节最短（见图 5-22）。

图 5-22　兵蚁上唇（A）、上颚（B）和触角（C）

兵蚁胸部：前胸背板淡黄色、元宝形，前部狭窄，向前方斜翘起，后部较宽，前部和后部在两侧交角处各有一斜向后方的裂沟，前缘和后缘中央均有明显的凹刻；后足淡黄白色，胫节长 0.95～1.10mm（见图 5-23）。

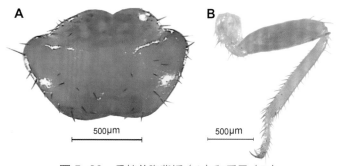

图 5-23　兵蚁前胸背板（A）和后足（B）

成虫

头背面及胸、腹部背面均为黑褐色；腹面为棕黄色；上唇前半部橙红色，后半部淡橙色，中间有1条白色横纹，上唇前缘及侧缘呈白色透明；翅黑褐色；全身有浓密的毛（见图5-24）。

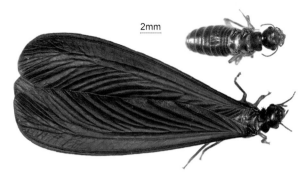

图5-24 脱翅成虫（上）和有翅成虫（下）

成虫头部：头圆形，单眼、复眼椭圆形，单复眼间距约等于单眼本身的长，后唇基隆起，长小于宽之半，中央有纵缝将后唇基分成左、右两半，前唇基与后唇基等长；触角19节，第2节长于第3节或第4节或第5节，本标本柄节断裂，第3节最短（见图5-25）。

成虫胸部：前胸背板前宽后窄，前缘中央平直、略凹入，后缘中央向前方略凹入，前胸背板中央有一淡色"十"字形斑，其两侧前各有一圆形淡色点；后足淡黑褐色，腿节颜色较胫节浅（见图5-26）；翅长大，前翅鳞略大于后翅鳞，前翅M脉由Cu脉分出，末端有许多分支，Cu脉有十几个分支，后翅M脉由Rs脉分出（见图5-27）。

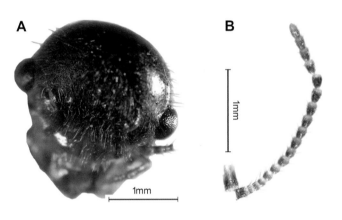

图5-25 成虫头顶（A）和触角（B）

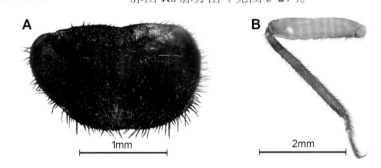

图5-26 成虫前胸背板（A）和后足（B）

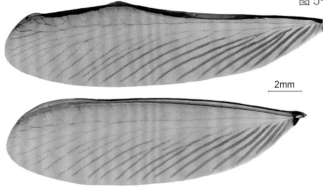

图5-27 成虫前翅（上）和后翅（下）

21 富阳土白蚁 *O. fuyangensis*

富阳土白蚁为大白蚁亚科，土栖性白蚁。与黑翅土白蚁相比，富阳土白蚁兵蚁头两侧平行，头宽较小，小于 1.10mm，触角 15 节（黑翅土白蚁 16～17 节，浦江土白蚁 17 节）。该白蚁为浙江省特有种，本图鉴中标本采集于浙江龙泉九菇山公园。

兵蚁头部：头小型，被稀疏毛，上黄色，长卵形，触角窝处向前狭窄，两侧近平行，头宽 1.08～1.10mm，头长至上颚基 1.37～1.40mm，头最宽处在中部稍后，后侧角宽圆，后缘宽圆弧形，额区色稍淡；后颏棕黄色，长 0.97～0.99mm，宽 0.51～0.53mm，前半部有数枚毛，后颏中段弓出，长约为宽的 1.7 倍；侧面观头顶弧形，头高连后颏 0.86～0.92mm（见图 5-28）。

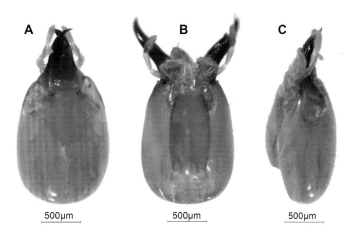

图 5-28　兵蚁头部
A. 背面观；B. 腹面观及后颏；C. 侧面观

兵蚁上唇棕黄色，两侧有两列长刚毛，端部有 2 枚长毛，上唇瘦长舌

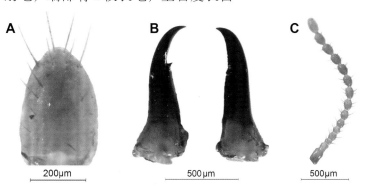

图 5-29　兵蚁上唇（A）、上颚（B）和触角（C）

状，长大于宽，约伸达上颚中点，顶端钝圆；上颚深赤褐色，颚基部色稍淡，近棕黄色，上颚镰刀状，左上颚齿位于端部 1/3 处，颚体稍细，右上颚相应处有 1 枚微齿，左上颚长 0.81～0.91mm；触角淡黄色，15 节，第 3 节最短小，第 5 节大于第 3 节而小于其他各节，端节纺锤状（见图 5-29）。

兵蚁胸部：前胸背板淡黄色，侧缘及面上有散生毛，宽 0.70～0.77mm，中长 0.47～0.50mm，前叶窄于后部，前叶稍翘起，前缘中央有明显缺刻，后缘稍平直，中央具不明显缺刻；后足淡黄色，胫节长 0.92～1.14mm（见图 5-30）。

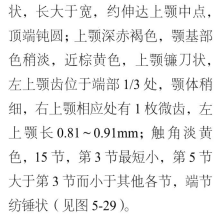

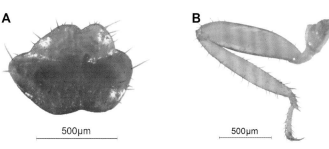

图 5-30　兵蚁前胸背板（A）和后足（B）

73

22 浦江土白蚁 *O. pujiangensis*

浦江土白蚁为大白蚁亚科，土栖性白蚁。与黑翅土白蚁相比，浦江土白蚁兵蚁个体偏大，头最宽大约为 1.50mm（黑翅土白蚁兵蚁头最宽小于 1.40mm）。该白蚁最初发现于浙江浦江，并以之定名，为浙江省特有种。本图鉴中标本采集于浙江磐安六十田阔叶混交林的阔叶树枯枝内（8 月下旬）。

兵蚁

> 头棕黄色，上颚紫褐色，颚基部色稍淡，近头色，触角色较头部浅，胸、腹部及附肢均黄色，头部有稀长毛，角后毛较长，一般每侧 1 枚（见图 5-31）。

兵蚁头部：头黄棕色，头壳宽卵形，两侧几平行，后部微宽，最宽处位于中后部，宽 1.41～1.56mm，头长至上颚基 1.72～1.94mm，头阔指数 0.79～0.81，后颏长方形，最宽处近后端，侧面观较平，前部稍缢缩、最狭，后颏长几近于宽的 2 倍，后颏长 1.12～1.25mm，最宽为 0.64～0.70mm，最狭为 0.39～0.42mm，后颏前半部具数枚长短毛，后半部也有少数长毛，额部平坦，头背面中区稍隆起，具稀疏毛，头高（连后颏）1.06～1.17mm（见图 5-32）。

兵蚁上唇宽舌状，背面被长毛，宽 0.36～0.39mm，长 0.46～0.50mm；上颚紫褐色，上颚基部色稍淡、较粗

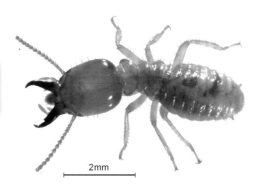

图 5-31 兵蚁整体背面观

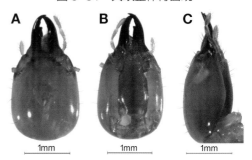

图 5-32 兵蚁头部
A. 背面观；B. 腹面观及后颏；C. 侧面观

壮，上颚端部较弯，左上颚齿呈三角形，位于内缘近前端 1/3 处，齿尖向前，颚基前凹口内有一细齿，右上颚在左上颚齿相应稍后具一小齿，且在基部及稍前处各具一微小齿，左上颚长 0.97～1.12mm；触角黄色，17 节，第 3 节最小，第 4 节呈方形，大于第 3 节，第 5 节略小于第 4 节，几等于第 3 节，随后逐节稍增大，末节卵形（见图 5-33）。

兵蚁胸部：前胸背板黄色，色稍浅于头部，马鞍形，前、后叶几等长，前缘中央有明显凹刻，后缘中央凹陷宽浅，前胸背板周缘及后部有较多长刚毛，宽 0.97～1.04mm，长 0.66～0.69mm；足淡黄色，后足胫节长近于头宽，为 1.41～1.53mm（见图 5-34）。

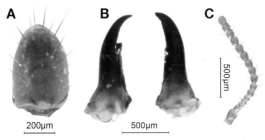

图 5-33 兵蚁上唇（A）、上颚（B）和触角（C）

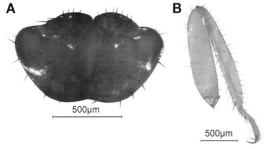

图 5-34 兵蚁前胸背板（A）和后足（B）

七、大白蚁属 *Macrotermes*

　　大白蚁属为土栖性白蚁，能形成大型地上型或地下型巢体，很少有副巢。在浙江，大白蚁常见于土质疏松、植被稀少的山坡丘陵地带（见图 5-35），取食枯树枝、落叶、杂草和树皮等，形成地下型蚁巢。大白蚁很少侵入室内环境，但可对经济林木、农作物、江河水库堤坝造成危害。一年中，大白蚁巢外取食活动有一定的规律，一般在 5—6 月和 9—11 月两个时期存在活动高峰，在这两个时期，地表会出现许多颗粒较为粗大的泥路、泥被（与土白蚁相比）（见图 5-36）。

图 5-35　大白蚁生境

图 5-36　林木危害状（A）及泥路（B、C）

　　大白蚁一般在 5—7 月分飞。分飞季节，可在白蚁活动的地表发现一些分散分布的薄片泥块，这些泥块呈半月形，且中间凹入，为大白蚁的凹陷型分飞孔（见图 5-37）；当分飞时，工蚁将中间凹陷泥土润湿、搬开，有翅成虫从中飞出。

图 5-37　凹陷型分飞孔（箭头所指处）

　　形态上，**兵蚁**通常有大、小二型，或大、中、小三型；头两侧平行或前部狭窄，额平，囟点状，上唇中部最宽，前端有 1 个透明小块，上颚弯曲、如镰刀状，左上颚基部有数枚缺刻，并有明显的基齿，其余部分无齿，右上颚除基齿外也无齿；触角 17 节，第 3 节往往长于第 2 节，前胸背板马鞍形，前缘与后缘皆具缺刻。**有翅成虫**头宽卵形，囟明显、略高起，单眼颇大，后唇基隆起，长为宽之半，后缘弓形，前缘直；触角 19 节，第 3 节长于第 2 节，中、后胸背板后端呈浅弓形凹入，R 脉略伸出翅鳞，前翅 M 脉自肩缝处独立伸出，后翅 M 脉多由 Rs 脉基部伸出。

　　本图鉴记录 2 种大白蚁，即黄翅大白蚁和浙江大白蚁，它们的区别主要体现在大兵蚁的头形及头长至上颚基。

23 黄翅大白蚁 *M. barneyi*

黄翅大白蚁为土栖性白蚁，筑巢于地下，形成一个大型巢体，蚁巢一般很少有卫星菌圃。巢体的上部或外围由数十层互相连接的薄泥片层构成，薄片一层接一层、一层叠一层，层次不分明，厚度不一，该结构具有保温、保湿的功能（见图5-38）。蚁巢的主体是菌圃，置于由假山形的泥片或泥骨架所组成的腔室内，这种建筑结构可以扩展蚁巢的空间位置，保持巢形完整，使几十万头白蚁个体能正常生活于其中。

图 5-38 黄翅大白蚁巢体结构

蚁巢菌圃为质轻多孔的海绵状组织，呈不规则的长条形，菌圃上的小白球菌个体大而数量少；泥骨架由周围土壤组成，形成形态不一的空腔（见图5-39）。

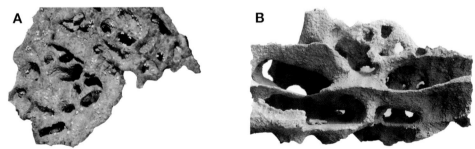

图 5-39 菌圃（A）和泥骨架（B）

黄翅大白蚁巢内的空腔中，常见到堆积很多黑色的植物碎屑，称为食料腔。这些碎屑往往被白蚁切割成直径为0.9～1.5mm的近圆形结构（见图5-40）。

泥质王室位于菌圃团中上部，构造精细、内空、壁厚、底部平坦，质地坚固，有扁形、圆形或椭圆形，供蚁王、蚁后居住。王室四周及上下均有一些小孔，供工蚁、兵蚁、幼蚁进出（见图5-41）。

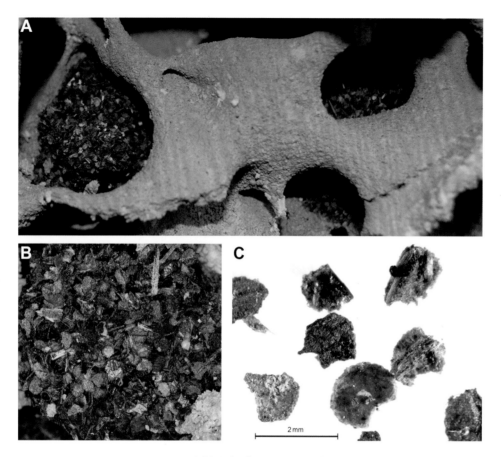

图 5-40　食料腔（A）及植物碎屑（B、C）

图 5-41　蚁王、蚁后居住的王室

黄翅大白蚁群体发展具有一个显著的特征，即并巢合群。巢群内经常可见一王多后、多王多后现象（见图5-42）。幼年巢群中多王多后现象更为突出，而成熟巢群中一王一后较多一些。

图 5-42　黄翅大白蚁蚁巢中的一王五后

　　黄翅大白蚁成熟巢群内含有卵、幼蚁、小工蚁、大工蚁、前兵蚁、小兵蚁、大兵蚁和蚁王、蚁后等品级（见图 5-43），在一定季节，巢内也会出现带翅芽的若蚁和有翅成虫。蚁卵呈椭圆形、白色透明；幼蚁由蚁卵孵化出来，呈白色，体小，幼蚁经 3 次脱皮变为若蚁；若蚁可分化为大、小工蚁，也可分化为大、小前兵蚁，再进一步变成大、小兵蚁；若蚁还可分化为大若蚁，随即成为有翅成虫（见图 5-44、图 5-45）。

　　黄翅大白蚁为浙江大白蚁属优势种，它与浙江大白蚁的差异在于：黄翅大白蚁大兵蚁头形似等腰梯形，头长至上颚基小于 3.80mm；浙江大白蚁大兵蚁头形不呈等腰梯形，头长至上颚基大于 3.80mm。

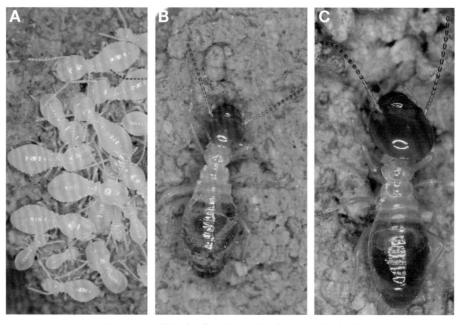

图 5-43　幼蚁（A）、小工蚁（B）和大工蚁（C）

图 5-44 大兵蚁的前兵蚁（A）和大兵蚁（B）

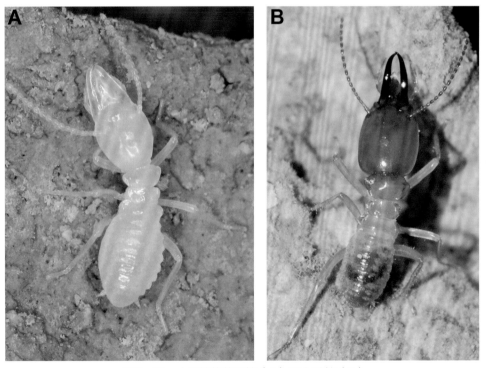

图 5-45 小兵蚁的前兵蚁（A）和小兵蚁（B）

　　大兵蚁头部：头深黄色、近长方形，背面有少数直立毛，最宽处在头的后部或中部，仅前端略狭窄，囟很小，位于头中点的附近；后颏棕色、近长方形，前端最狭，后渐宽，中前部至后呈长方形；侧面观背面相当平，由囟起逐渐向前方斜下（见图5-46）。

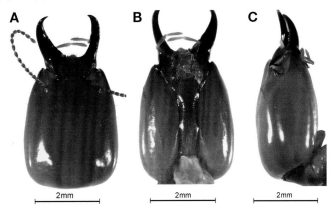

图 5-46　大兵蚁头部
A. 背面观；B. 腹面观及后颏；C. 侧面观

　　大兵蚁上唇黄褐色、舌状，端部具透明三角块，结合处有4根长毛，之后有较多短毛；上颚黑色、镰刀形；触角17节，第3节长于或等于第2节，触角窝的后下方有淡色的眼点（见图5-47）。

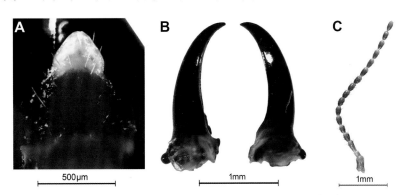

图 5-47　大兵蚁上唇（A）、上颚（B）和触角（C）

　　大兵蚁胸部：前胸背板红棕色，有少数直立的毛，略宽于头宽的一半，前部斜向上翘，侧缘呈钝角向两侧方向伸展，前缘及后缘的中央皆有明显的缺刻，后胸背板狭于前胸背板；足淡黄色、很长，胫节距式3∶2∶2；后足胫节长2.96mm（见图5-48）。

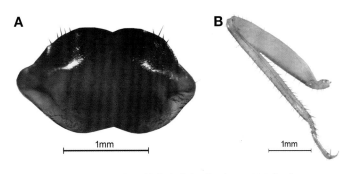

图 5-48　大兵蚁前胸背板（A）和后足（B）

　　小兵蚁头部：头形显著小于大兵蚁，色也略浅。头黄色、卵形，侧缘较大兵蚁更弯曲，后侧角圆形；后颏黄色、近长方形，端部最狭；侧面观头背中间突起，之后向前、向后弧下（见图5-49）。

　　小兵蚁上唇黄色，端部具透明区，尖宽圆，形态较大兵蚁狭长，背面有少数长毛；上颚红褐色，与头的比例较大兵蚁显得更细长而直；触角17节，第2节长于或等于第3节（见图5-50）。

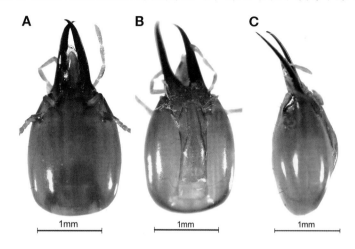

图5-49　小兵蚁头部
A. 背面观；B. 腹面观及后颏；C. 侧面观

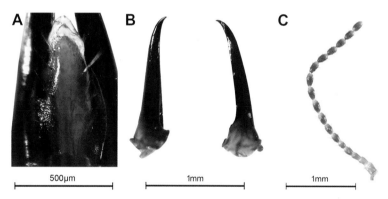

图5-50　小兵蚁上唇（A）、上颚（B）和触角（C）

　　小兵蚁胸部：前胸背板黄色，前缘宽圆，具短毛，后缘中央浅宽凹入；足淡黄色、很长，胫节距式3：2：2；后足胫节长1.87mm（见图5-51）。

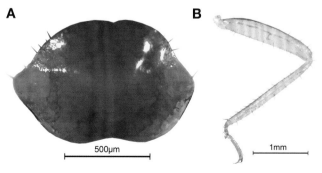

图5-51　小兵蚁前胸背板（A）和后足（B）

成虫

头和胸、腹暗红棕色，足棕黄色，翅黄色，后唇基暗赤黄色（见图 5-52）。

图 5-52 有翅成虫

成虫头部： 头宽卵形，头顶平，囟呈极小的颗粒状突起，位于头顶中点，在囟的前方有一龙骨状的纵向隆起，唇基淡黄色，后唇基显著隆起，长不达宽之半，中央有纵沟，上颚红棕色；复眼长圆形，单眼黄白色、椭圆形，与复眼的距离小于单眼本身的宽度；触角 19 节，第 3 节微长于第 2 节，第 2、4、5 节等长（见图 5-53）。

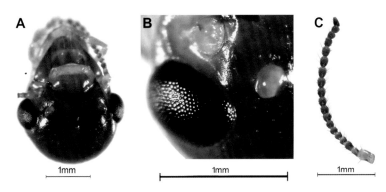

图 5-53 成虫头背面观（A），单、复眼（B）和触角（C）

成虫胸部： 前胸背板前缘略凹向后方，后缘狭窄，中央向前方凹入，前中部位具淡色"十"字形斑，其两侧前方有圆形或肾形的淡色斑；足棕色，胫节距式 3：2：2（见图 5-54）。

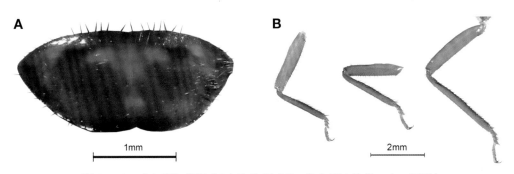

图 5-54 成虫前胸背板（A）和胸足（B，从左到右为前、中、后足）

前翅鳞略大于后翅鳞；前翅 M 脉在肩缝处独立伸出，距离 Cu 脉较近于 Rs 脉，在中点后开始有分支，前翅 Cu 脉有 10 余根分支；后翅 M 脉由 Rs 脉基部伸出，或在肩缝处独立伸出，贴近 Cu 脉延伸，在中段以后开始有分支，后翅 Cu 脉也有 10 余根分支（见图 5-55）。

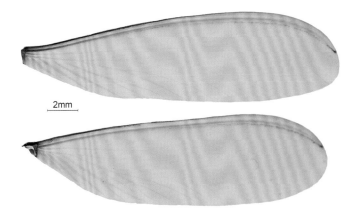

图 5-55 前翅（上）和后翅（下）

24 浙江大白蚁 *M. zhejiangensis*

浙江大白蚁为土栖性白蚁。浙江大白蚁与黄翅大白蚁的形态区别在于：大兵蚁头形背面观不呈等腰梯形（黄翅大白蚁大兵蚁呈等腰梯形），体形也比黄翅大白蚁大，大兵蚁头宽3.13~3.36mm（黄翅大白蚁大兵蚁头宽小于3.11mm）。浙江大白蚁模式种采集于浙江衢州，本图鉴中标本采集于浙江衢州柯城源口村。

大兵蚁

头褐色带黄，触角深褐色，胸和腹部背板褐色，足淡褐色带黄（见图5-56）。

图5-56　大兵蚁整体背面观

大兵蚁头部：头近梯形，最宽处在中后段，宽3.13~3.36mm，头长至上颚基3.78~4.23mm，长约为宽的1.24倍，头最宽约为颚基宽的2倍，头后缘近平直，囟位于中点；后颏深黄褐色、粗长，长2.55~2.85mm，长为狭的4~5倍，腰区位于中点前，两侧平行向后；侧面观头背缘在囟点处拱起，后颏稍突出于头底缘（见图5-57）。

大兵蚁上唇黄褐色、舌状，端部具透明三角块；上颚黑色、短壮，左上颚长1.97~2.19mm，长不及头长的一半，颚较弯，左上颚内缘中段具不清楚的细齿，颚基前具数缺刻；触角深褐色，基部2节色淡，共17节，第3节最长（见图5-58）。

大兵蚁胸部：前胸背板深黄褐色，宽2.12~2.34mm，中长1.09~1.20mm，前、后缘中央均凹切，侧缘均呈角状（见图5-59）。

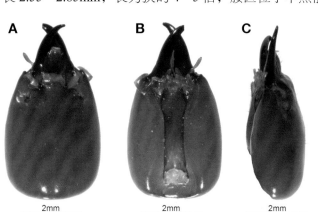

图5-57　大兵蚁头部
A. 背面观；B. 腹面观及后颏；C. 侧面观

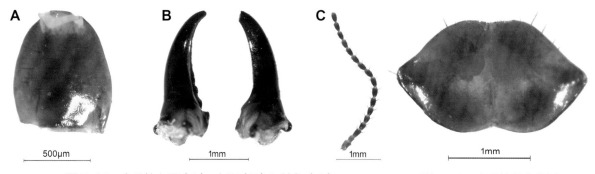

图5-58　大兵蚁上唇（A）、上颚（B）和触角（C）　　　图5-59　大兵蚁前胸背板

小兵蚁

头、胸、腹背面淡褐黄色，触角色深（见图 5-60）。

小兵蚁头部： 头似近梯形，最宽处位于中段，宽 1.75～1.85mm，头长至上颚基 2.19～2.35mm，长约为宽的 1.25 倍，头最宽约为颚基宽的 1.7 倍，囟位于中点稍后；后颏似条状，长 1.45～1.55mm，前段 1/5 处较宽，宽 0.54～0.61mm；侧面观头背缘在囟点处稍拱起，后颏明显突出于头底缘（见图 5-61）。

图 5-60　小兵蚁整体背面观

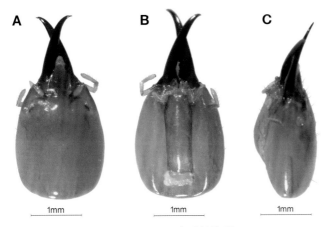

图 5-61　小兵蚁头部
A. 背面观；B. 腹面观及后颏；C. 侧面观

小兵蚁上颚红褐色、细长，左上颚长 1.45～1.52mm，长约为头长的 2/3，颚体较直而端稍弯，左上颚内缘在颚基前具数缺刻；触角同大兵蚁，17 节（见图 5-62）。

小兵蚁胸部： 胸部背板黄色，前叶上翘，前缘中央微凹入，后缘中央深凹切，侧缘角状，宽 1.28～1.35mm，中长 0.78～0.84mm；后足淡黄色、细长，胫节长 1.92～2.06mm（见图 5-63）。

图 5-62
小兵蚁上唇（A）、上颚（B）和触角（C）

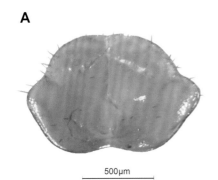

图 5-63
小兵蚁前胸背板（A）和后足（B）

八、亮白蚁属 *Euhamitermes*

亮白蚁属生活在丘陵地带，常见于种植壳斗科植物的黄壤表层土中（距地表 0.5～5cm），以地下腐烂草根、植物及带腐殖质的土壤为食，故称为食土性白蚁。亮白蚁群体较小，巢内仅有数百头个体。它们没有明显的巢体结构，工蚁在一个个由土层隧道相连的腔室中聚集活动（见图 5-64），巢内大都缺少兵蚁。

图 5-64　亮白蚁生境
A. 板栗林；B. 白蚁活动土层；C. 工蚁和幼蚁

形态上，**兵蚁**头黄色，头壳介于长方形和方形之间，密被短柔毛，上颚粗短、强弯如钩，内缘中段具一小齿，前胸背板强马鞍状，触角 14 节，胫节距式 3：2：2。**有翅成虫**头扁圆形，头及前胸背板密被柔毛，囟椭圆形、低凹，囟前有淡色小圆点，触角 15 节。**工蚁**头近圆形，体色微黄，大多泛白，腹部透明，节间缝明显，触角 14～15 节。

本图鉴记录 1 种亮白蚁，为浙江亮白蚁。

25 浙江亮白蚁 *E. zhejiangensis*

浙江亮白蚁模式标本采集于浙江衢州。本图鉴中标本采集于浙江龙泉，巢内可见带翅芽若蚁（见图5-65），可以推测在龙泉地区，该白蚁有翅成虫出现在秋天，但是巢内兵蚁难以发现。

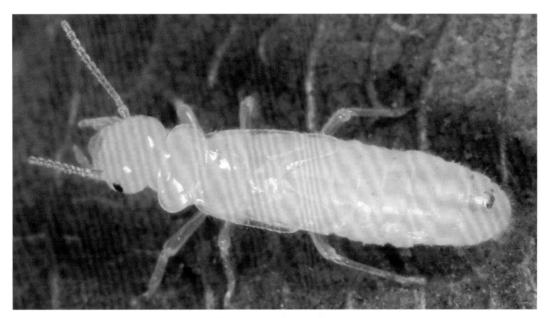

图 5-65 带翅芽的若蚁

兵蚁

头黄色，后部较浅；上唇淡色；上颚红褐色；触角、前胸背板均为淡黄色；腹部、足乳白色；头部密被短毛和少许分散长毛；前胸背板表面具少数长毛，周缘具稀疏长毛；腹部密被短毛；体长4.6～5.5mm（见图5-66）。

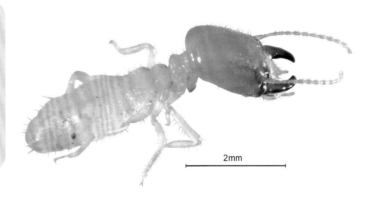

2mm

图 5-66 兵蚁整体侧背面观

兵蚁头部：头黄色，后部较浅，呈长方形，两侧缘近平行，前部略宽，后部略狭，后缘平直，头最宽1.30～1.37mm，头长至上颚基1.63～1.75mm；后颏宽短，最宽处位于前端1/3处，最狭处位于后端，后颏长1.03～1.25mm，最宽0.47～0.50mm，最狭0.30～0.33mm；额部平坦，具稀疏毛，头高（连后颏）1.06～1.10mm（见图5-67）。

兵蚁上唇淡黄色、透明，宽大于长，弓形隆起，前缘中央略凹，背面密被长毛；上颚红褐色、粗短，基段宽扁，端部较内弯，形成锐齿，缘齿位于内缘的中部之前，颚齿板上具小齿，左上颚长 0.90 ~ 0.99mm；触角淡黄色，14 节，第 2 节最短，第 3 节不短于第 4 节（见图 5-68）。

兵蚁胸部：前胸背板乳白色、马鞍形，前缘宽圆、突出，后缘中央具明显凹口，两侧叶明显，表面具少数长毛，

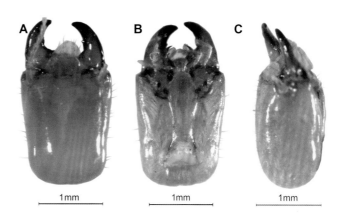

图 5-67　兵蚁头部
A. 背面观；B. 腹面观及后颏；C. 侧面观

周缘具稀疏长毛，宽 0.70 ~ 0.73mm，长 0.45 ~ 0.48mm；足乳白色，胫节距式 3：2：2，前足胫节较膨大，较中、后足胫节粗，较后足胫节短，后足胫节长 1.05 ~ 1.13mm（见图 5-69）。

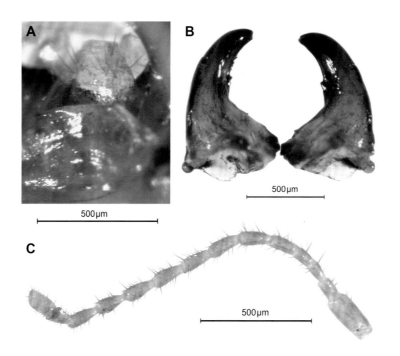

图 5-68　兵蚁上唇（A）、上颚（B）和触角（C）

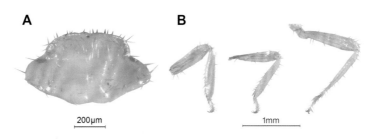

图 5-69　兵蚁前胸背板（A）和胸足（B，从左到右为前、中、后足）

工蚁

头部淡黄色，密被短毛；上颚淡红褐色，基部黄色；触角淡黄色；胸部背板色较头部浅；腹部乳白色、透明，可见肠道内黑色食物，密被短毛；足乳白色（见图5-70）。

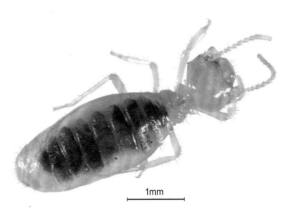

图 5-70　工蚁整体侧背面观

工蚁头部：头近圆形，头宽 0.98～1.03mm，头长至上颚基 0.74～0.84mm，囟孔圆形，较大，位于头背面中央；后颏粗短；额背中央稍隆起，后唇基部中央呈弓形隆起（见图5-71）。

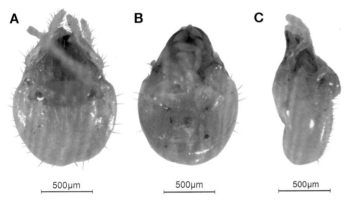

图 5-71　工蚁头部

A. 背面观；B. 腹面观及后颏；C. 侧面观

工蚁上唇淡黄色、宽圆，边缘透明，具短毛和少数长毛；上颚端部赤褐色，基部色渐浅，左、右上颚形与缘齿相似，端部具 2 缘齿，中部下方具 1 缘齿，最后具 1 宽缘齿；触角 14～15 节，第 2 节或第 3 节最短，第 3 节与第 4 节近等长（见图5-72）。

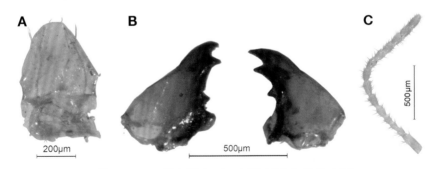

图 5-72　工蚁上唇（A）、上颚（B）和触角（C）

工蚁胸部：前胸背板淡黄色、鞍形，较狭，前缘中央略凹（有时不明显），后缘中央向后突出，前胸背板宽 0.53～0.56mm，长 0.31～0.36mm；胫节距式 2：2：2，后足胫节长 0.86～0.89mm（见图5-73）。

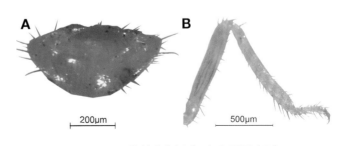

图 5-73　工蚁前胸背板（A）和后足（B）

九、华扭白蚁属 *Sinocapritermes*

华扭白蚁属是由平正明和徐月莉（1986）建立的一个属。它们一般穴居于表土层、倒木、树洞中或小石块下，取食腐殖土、草根、烂树等，是一类食土白蚁。华扭白蚁栖息的巢穴往往由一个个小腔室组成，并通过蚁道相连，形成地下蚁道系统（见图5-74）。一般而言，每个小腔室内能发现一头兵蚁。华扭白蚁群体一般较小，兵蚁数量也较少。在浙江南部，可在9月上中旬巢内见其有翅成虫，而且在晴朗的午后分飞。

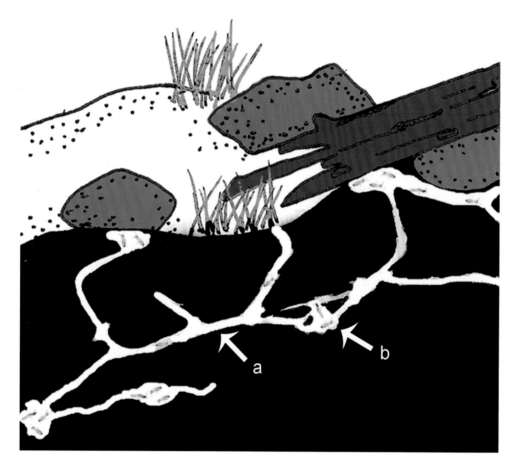

图 5-74　华扭白蚁地下蚁道系统
a. 腔室；b. 蚁道

形态上，**兵蚁**头被毛适度至较密，头长方形，无额脊，上颚不对称，左上颚中段适度扭曲，颚端弯钩状，钩后膨扩，右上颚刀剑状，颚端稍呈弯钩形，上唇长而狭，前缘凹入，前侧角稍出，触角14节，胫节距式2:2:2。**有翅成虫**头被毛稍密，额腺孔小而狭、椭圆形，后唇基长不及宽之半，具中缝，右上颚端齿和第1缘齿间距稍大于第1缘齿和第2缘齿间距，触角15节，胫节距式2:2:2。

本图鉴记录3种华扭白蚁，分别是台湾华扭白蚁、中国华扭白蚁和天目华扭白蚁。三种白蚁的鉴别特征主要体现在：①后颏形态（长、宽、狭）；②前胸背板前、后缘中央凹刻程度；③头宽；④头后缘中央凹刻程度；⑤左上颚长；⑥头长至上颚基；⑦触角基部数节相对长度。

26 台湾华扭白蚁 *S. mushae*

　　台湾华扭白蚁栖息于具有一定表土层（厚 5～30cm）、土层湿润、具有苔藓或旁边有树木须根的环境中。本图鉴中标本采自浙江泰顺，在 10 月上中旬可见巢内存在有翅成虫（见图 5-75）。

图 5-75　台湾华扭白蚁有翅成虫（A）、兵蚁（B）和工蚁（C）

兵蚁

　　头部褐黄色或赤褐色；触角、上唇及其他口器黄白色；上颚赤褐色至黑褐色；胸部淡黄色；腹部白色、不透明；头、胸、腹皆有许多毛；头部下垂，不与胸、腹平行（见图 5-76）。

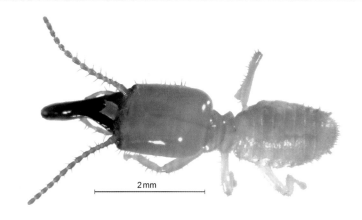

2mm

图 5-76　兵蚁整体背面观

兵蚁头部：头褐黄色、长方形，宽
1.06～1.36mm，头长至上颚基1.52～1.91mm，
宽约为头长至上颚基的 2/3，后部圆弓形，两
侧近平行，前部稍狭窄，后背部中纵缝明
显，自头后端未伸达头的中点，囟如小凹
坑，位于前端约 1/5 处，囟前有一凹槽，伸
至后唇基；后颏粗短，长 0.67～1.11mm，最
宽 0.33～0.45mm，最狭 0.19～0.28mm；侧面
观头背面略隆起，最高处近囟后部，后颏显
著地突出于腹面，突出面的后段 2/3 颇平直，
与头后部纵轴平行，往前侧斜弯向上，此前
较后更为突出，且较宽，往后渐渐收缩变狭，
头高连后颏 0.81～1.11mm（见图 5-77）。

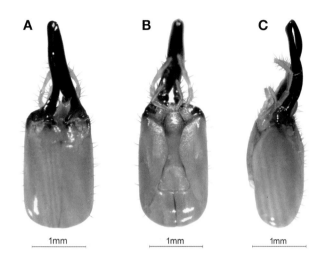

图 5-77　兵蚁头部
A. 背面观；B. 腹面观及后颏；C. 侧面观

兵蚁上唇乳白蚁色、透明、长方形，长为宽的 2.5 倍，具白的膜，常自上而下或左向右弯曲，
前端两侧有剑状的突起，中央凹缘上有 2 对刚毛、数对小毛；上颚黑褐色，不对称，左上颚曲度较
大，尖端有钩，长 1.41～1.84mm，右上颚较左上颚直，端部也具钩，钩尖与左上颚并列，或稍后，
尖而无钩，长 1.52～1.95mm，右上颚于中点之前压于左上颚，基部左、右均有斜的深切刻；触角黄
色，14 节，第 1 节长而大，第 2 节圆柱状且小，约为第 1 节之半，与第 4 节等长，第 3 节明显比
第 2 节长，末端节长椭圆形（见图 5-78）。

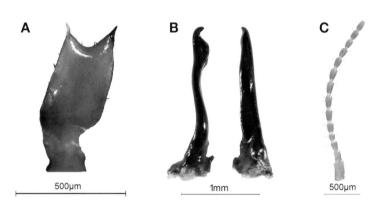

图 5-78　兵蚁上唇（A）、上颚（B）和触角（C）

兵蚁胸部：前胸背板淡黄色、马鞍
形，明显比头狭窄，前叶隆起，前、后
缘中央几无凹口，宽 0.59～0.77mm，
长 0.21～0.36mm；后足淡黄色，胫节
长 0.93～1.22mm（见图 5-79）。

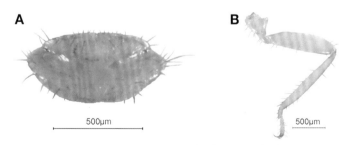

图 5-79　兵蚁前胸背板（A）和后足（B）

成虫

头黑色；后唇基、触角、上
唇、下唇须、下颚须、前胸背板、
腹部背板及腹板、足、翅均为黑
褐色，略浅于头色；周身覆以密毛
（见图 5-80）。

图 5-80　有翅成虫整体背面观

图 5-81　成虫头部背面观（A）和腹面观（B）

成虫头部：头卵形，密
被长短毛，头宽不连复眼
0.82 ~ 0.97mm，头顶最高处在
单眼部位，往前及往后为 2 个
坡面，囟位于头顶后坡面中
部的凹坑内，小点状，复眼突
出，单眼长卵形，位于复眼上
方；后颏浅褐色，前部色浅，
呈倒梯形（见图 5-81）。

上唇浅褐色，前端色较
浅，舌状，前缘圆弧形，背面
具长密毛；复眼圆形，直径 0.24 ~ 0.30mm，单眼椭圆形，与复眼距离等于或稍小于单眼本身宽度，
位于复眼的背方偏前；触角褐色，15 节，第 3 节较第 2 节显著短细，第 4 节长于第 3 节、短于第
2 节；上颚红褐色，左、右上颚各具 2 枚缘齿，其中第 2 缘齿较短小（见图 5-82）。

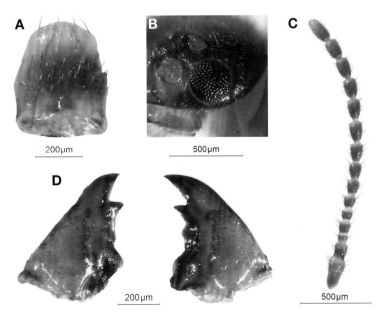

图 5-82　成虫上唇（A），单、复眼（B），触角（C）和上颚（D）

93

成虫胸部： 前胸背板黑褐色，前缘直，中央无缺刻，前侧角略向前侧方突伸，侧缘与后缘连成半圆形，后缘中央微凹向前，宽 0.80～0.97mm，长 0.41～0.56mm；胸足淡黄褐色，胫节距式 2：2：2，跗节 4 节，后足胫节长 0.83～1.26mm（见图 5-83）。

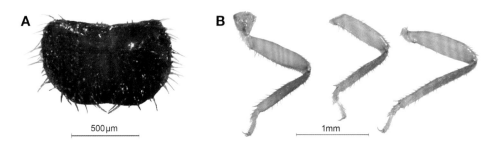

图 5-83　成虫前胸背板（A）和胸足（B，从左到右分别为前、中、后足）

翅黑褐色，前翅 M 脉在肩缝处独立伸出，其伸展路径偏近于 Cu 脉，在伸达翅长的约 2/3 处后形成 3～4 个支脉，Cu 脉有 9～10 个分支，后翅 M 脉在肩缝处由 Rs 脉分出，其余情况同前翅（见图 5-84）。

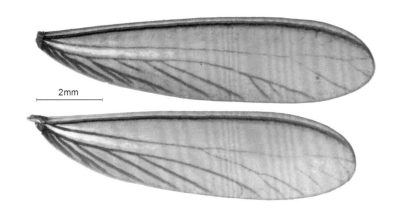

图 5-84　前翅（上）和后翅（下）

27 中国华扭白蚁 *S. sinicus*

中国华扭白蚁与其他两种华扭白蚁的区别在于：其兵蚁后颏较为细长。中国华扭白蚁栖息于表层土中，离地表 2～5cm，无明显的巢穴，主要在土中聚集，形成小孔穴，通过土壤缝隙连接，其巢旁常有蚂蚁出没（见图5-85），也可在倒木、树洞中生活，取食腐殖土、草根、烂树。

图 5-85　中国华扭白蚁生境

该白蚁群体较小，巢内有蚁卵、幼蚁和工蚁，兵蚁数量较少。蚁卵为白色、透明、椭圆形；幼蚁小、白色；工蚁色较浅，腹部透明、细长；兵蚁体形稍比工蚁大，头部顶端黄褐色，后部颜色渐浅，至淡黄色，头中缝线明显，至头中部（见图5-86）。

图 5-86　中国华扭白蚁
A. 蚁卵和幼蚁；B. 工蚁和兵蚁

兵蚁

　　体形中等；头部、触角黄色，头后部色较前部浅；上颚褐红色；上唇白色；胸部背板和足淡黄色；腹部淡白色；头被稀疏的长毛；前额囟孔周围毛较多；上唇一般有长刚毛6~8根；前胸背板前、后缘有较多长毛；后颊很少具毛，偶尔前端有几根长短毛（见图5-87）。

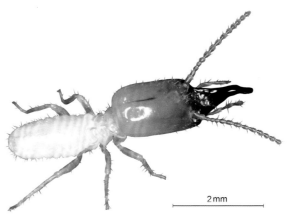

图5-87　兵蚁整体背面观

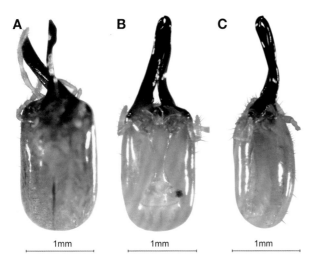

图5-88　兵蚁头部
A. 背面观；B. 腹面观及后颊；C. 侧面观

兵蚁头部： 头长方形，长大于宽，两侧平行，头宽1.07~1.29mm，头中缝线明显，伸不及头中部，囟位于头前额中央，由囟开始至后唇基，明显凹陷，侧看呈一凹槽；后颊较长，长0.83~0.91mm，前部较宽，腰最窄处位于近中间靠后方；侧面观从头缝线开始至头后缘中间稍有低凹（见图5-88）。

　　兵蚁上唇长方形，侧向右方，前缘凹入，两侧角呈针状突出；上颚不对称，左上颚稍有扭曲，顶端弯曲成钩，右上颚较直，顶端稍有钩状；触角14节，第4节较短（见图5-89）。

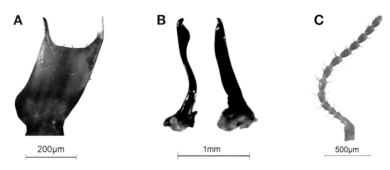

图5-89　兵蚁上唇（A）、上颚（B）和触角（C）

兵蚁胸部： 前胸背板前缘中央稍有凹入，后缘无明显凹缘，毛较密集；后足胫节长0.95~1.03mm；前足胫端距2个，跗节4节（见图5-90）。

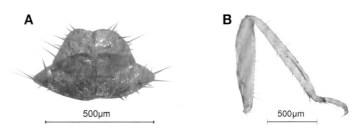

图5-90　兵蚁前胸背板（A）和后足（B）

28 天目华扭白蚁 *S. tianmuensis*

天目华扭白蚁与台湾华扭白蚁形态相似，兵蚁后颏都较为粗短，Chiu 等（2016）认为天目华扭白蚁是台湾华扭白蚁的次异名，但两者存在一定的差异，如天目华扭白蚁兵蚁前胸背板中央有凹口，而台湾华扭白蚁兵蚁前胸背板中央无凹口。天目华扭白蚁生活在湿润的表层土（离土层 3～5cm）、倒木或树洞中，取食腐殖土、草根或烂树（见图 5-91）。该白蚁群体数量少，常见品级主要为幼蚁和工蚁，兵蚁数量少。

图 5-91　天目华扭白蚁生境
A. 苔藓下的表层土；B. 土层中的幼蚁和工蚁

天目华扭白蚁工蚁头部稍呈圆形，最宽处位于中部，两侧缘自中部起向后稍窄，后缘宽弧形，T 形缝可见，侧面观头顶部平，后唇基隆起，触角 14 节，其中第 2 节稍长于第 3 节或几相等，第 4 节最短小；前胸背板马鞍形；腹部为橄榄形，可见肠内容物；头长至上唇尖 1.16～1.31mm，头宽 0.95～1.00mm，前胸背板宽 0.54～0.59mm，后足胫节长 0.84～0.92mm。兵蚁头部黄褐色，上颚黄褐色，触角、上唇淡黄色，胸、腹部和足黄褐白色，头部、上唇及胸、腹部均有较密的毛（见图 5-92）。

图 5-92　天目华扭白蚁工蚁和兵蚁

兵蚁头部：头两侧近平行，头宽1.05～1.20mm，中部向后稍渐窄，近后端最窄，后缘稍平直，中部内凹明显；头中缝明显自后端未伸达头的中点，长为头壳的1/3～2/5，头背面中缝两侧各有1条短纵纹；后颏短、纺锤状，突出于头的腹面，最宽为最狭的2倍；侧面观头背缘稍呈弧形，中前部较多毛，额腺孔位于头前端1/5处（见图5-93）。

兵蚁上唇黄色、长条形，两前侧角尖突伸向前，前缘稍内凹；上颚红褐色，左、右上颚几等长，不对称，

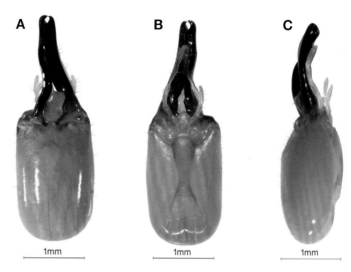

图5-93　兵蚁头部
A. 背面观；B. 腹面观及后颏；C. 侧面观

左上颚端钩状，右上颚端稍具钩形；触角14节，第3节长于第2节或第4节，第4节稍长于第2节（见图5-94）。

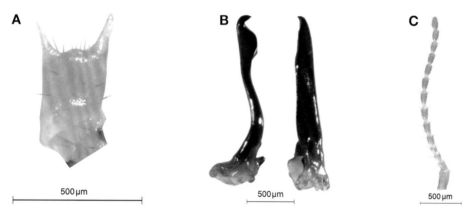

图5-94　兵蚁上唇（A）、上颚（B）和触角（C）

兵蚁胸部：前胸背板马鞍形，前部直立，前、后缘中央有浅凹刻；前足胫距为2；后足胫节长1.08～1.15mm（见图5-95）。

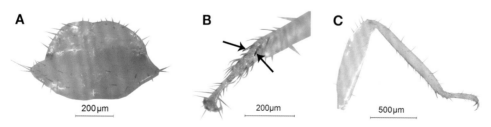

图5-95　兵蚁前胸背板（A）、前足胫距（B）和后足（C）

十、近扭白蚁属 *Pericapritermes*

近扭白蚁属栖息环境与华扭白蚁属相似，都喜欢在潮湿、土质疏松、地表杂草稀疏的表土层中活动（见图 5-96），取食腐殖土、须根、苔藓等，为一类食土白蚁。

图 5-96　近扭白蚁栖息的表土层环境

近扭白蚁同华扭白蚁一样，生活在表层土中，没有明显的蚁巢结构，其简易蚁巢由众多小腔室和蚁道构成，形成地下蚁道系统。白蚁群体较小，兵蚁数量少。在浙江，近扭白蚁巢内带翅芽的若蚁可在 4 月下旬和 9 月上中旬被发现。

形态上，**兵蚁**长方形，两侧近平行，背缘颇平，额区呈斜坡状或稍陡，凹点状，头纵缝较明显，伸达中部之前，上颚极不对称，左端钝或端部弯向内侧，顶端稍平，右上颚较直或前部稍向外弯，上唇前缘平直，两侧角尖突短，触角 13～16 节，胫节距式 3∶2∶2。**有翅成虫**头宽卵形，具纵缝线或短，触角 14～15 节，凹卵圆形，左上颚端齿内缘与第 1 缘齿前缘等长或稍长，端距小于第 1 缘齿与第 3 缘齿的端距，右上颚第 2 缘齿发达，后曲缘弯曲，第 2 缘齿与第 1 缘齿的端距小于第 1 缘齿与端齿的端距，前胸背板前缘中部略凹或中央稍突出。

本图鉴记录 2 种近扭白蚁，分别为古田近扭白蚁和新渡户近扭白蚁。两者的区别主要体现在兵蚁的体形大小上，古田近扭白蚁更大一些。

29 古田近扭白蚁 *P. gutianensis*

古田近扭白蚁模式标本采集于福建上杭古田，由李桂祥和马兴国（1983）定名。古田近扭白蚁比之后描述的新渡户近扭白蚁体形要大，如前者兵蚁头宽为 1.40～1.51mm，而后者兵蚁头宽为 1.20～1.29mm。本图鉴中标本采自浙江永康。

兵蚁

头部、触角橙黄色，胸、腹背板和足淡黄色（见图 5-97）。

图 5-97　兵蚁整体背面观

图 5-98　兵蚁头部
A. 背面观；B. 腹面观及后颏；C. 侧面观

兵蚁头部：头橙黄色、长方形，两侧稍平行，最宽 1.40～1.51mm，两后侧缘和后缘呈弧形，头部中缝浅褐红色，可伸达前端 1/4 左右处、囟之后方，囟呈小点状；后颏橙黄色、细长，长 1.51～1.78mm，前端 1/4 处最宽，中间狭且平行；侧面观囟孔处微突出，往前弧下较深，往后渐弧下，囟孔在头端约 1/3 处（见图 5-98）。

兵蚁上唇淡白色，其形状呈前宽后狭的方形，前缘几平直，前侧角稍突出，上唇前缘和中区有 3～4 根刚毛；上颚极不对称，左上颚黑褐色，中间强烈扭曲，顶部倾截，端钝，左上颚长 1.58～1.67mm，右上颚褐红色、较短、较直、呈刀剑状，顶端尖出；触角橙黄色，14 节，第 4 节最短（见图 5-99）。

兵蚁胸部：前胸背板淡黄色、马鞍形，周缘有稀疏长刚毛，前半部直立翘起，前缘无凹刻，后缘稍呈弧形突出，宽 0.80～0.92mm，中长 0.37～0.43mm；后足淡黄色，胫节长 1.20～1.23mm（见图 5-100）。

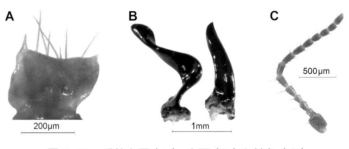

图 5-99　兵蚁上唇（A）、上颚（B）和触角（C）

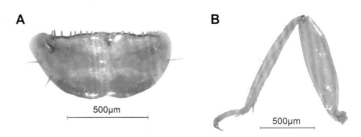

图 5-100　兵蚁前胸背板（A）和后足（B）

30 新渡户近扭白蚁 *P. nitobei*

新渡户近扭白蚁即扬子江近扭白蚁（陈亭旭，2016），是浙江近扭白蚁属中的优势种。

新渡户近扭白蚁兵蚁体形比古田近扭白蚁小，头部橙黄色或深橘红色，除上唇前缘有几根刚毛外，全身很少具毛。工蚁色浅，腹部透明、狭长，且中段较宽（见图5-101）。

图 5-101　新渡户近扭白蚁兵蚁（A）和工蚁（B）

兵蚁头部：头部长方形，两侧稍平行，最宽1.20～1.29mm，两后侧缘和后缘呈弧形，头部中线褐色十分显著，可伸达前端约1/4处；后颏橙黄色、细长，长1.35～1.45mm，前段约1/6处最宽，中间狭且近平行；侧面观囟孔处最突出，往前弧下较深，往后渐弧下，囟孔在头端约1/3处，周围具2～3根毛（见图5-102）。

图 5-102　兵蚁头部
A. 背面观；B. 腹面观及后颏；C. 侧面观

　　兵蚁上唇淡黄白色，长大于宽，呈前宽后狭的方形，前缘几平直；上颚黑褐色、较短，长1.38～1.50mm，左上颚强扭曲，前方右边斜切，端部区呈角状，右上颚稍短，呈刀剑状；前侧角透明、呈短尖状；触角14节，第3节最短（见图5-103）。

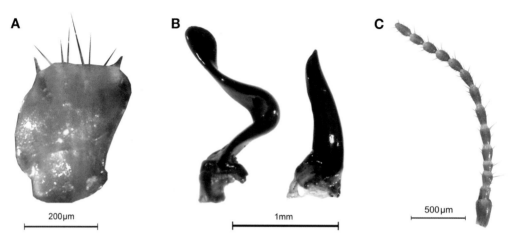

图5-103　兵蚁上唇（A）、上颚（B）和触角（C）

　　兵蚁胸部：前胸背板淡黄色，狭于头，宽0.80～0.87mm，前半部直立、翘起，是典型马鞍状；前足胫距为3个，跗节4节（见图5-104）。

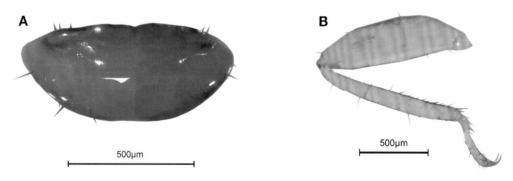

图5-104　兵蚁前胸背板（A）和后足（B）

十一、钩扭白蚁属 *Pseudocapritermes*

在中国，钩扭白蚁主要分布于云南、广东、广西、海南、福建、浙江、贵州等南方各地，从浙江采集情况看，也主要分布于靠近福建的南部地区，其分布应比华扭白蚁和近扭白蚁更靠南。该属白蚁常栖息于树龄较大的硬阔树根部表土层中，或在枯死的硬阔树根部表土层中（见图 5-105），以腐殖土、根须、草根等为食，也是一类食土白蚁。钩扭白蚁巢穴与华扭白蚁、近扭白蚁相似，在土层中形成一个个小腔室，以土层中的小隧道相连。该属白蚁巢群较小，与华扭白蚁和近扭白蚁相似，兵蚁数量较少，往往在每个小腔室中有 1 头兵蚁。

图 5-105 钩扭白蚁生境
A. 阔叶树；B. 阔叶树根基部；C. 兵蚁和工蚁

形态上，**兵蚁**头长方形，两侧稍平行，额部不突起或稍隆；上颚不对称，左上颚扭曲，顶端狭，内弯曲成钩，右上颚较直，似刀剑状，尖端稍向内，少数向前或弯向外。左、右上颚差异大，上唇通常长大于宽，前缘凹口浅而平，触角 14 节，前胸背板狭于头，马鞍形，胫节距式 3：2：2。**有翅成虫**头宽卵形，后唇基隆起，无明显纵缝，胫节距式 3：2：2。

本图鉴记录 2 种钩扭白蚁，分别为大钩扭白蚁和圆凹钩扭白蚁，两者的主要区别体现在兵蚁上唇前缘形态和兵蚁体形大小。大钩扭白蚁兵蚁上唇前缘中央凹口浅而平，体形较大；圆凹钩扭白蚁兵蚁上唇前缘中央凹口深，呈 U 形或 V 形，体形较小。

31 大钩扭白蚁 *P. largus*

　　大钩扭白蚁模式标本采集于福建梅花山国家级自然保护区，由李桂祥和黄复生（1986）定名。Xuan 等（2021）通过形态特征比较以及线粒体序列比对后认为，大钩扭白蚁是圆囟钩扭白蚁的次异名。本图鉴中标本采集于浙江乌岩岭国家级自然保护区（垟溪）（见图 5-106）。与之后介绍的圆囟钩扭白蚁相比，大钩扭白蚁兵蚁体形大，上唇前缘凹口浅平。

图 5-106　大钩扭白蚁兵蚁和工蚁

兵蚁

体大型；头部、触角褐黄色，上颚黑褐色，上唇白色，胸、足和腹部黄色，头部毛很少，前胸背板毛也十分稀疏，腹部背板刚毛较多（见图 5-107）。

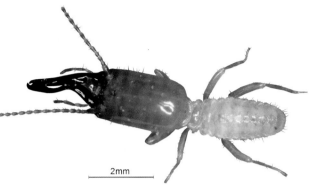

图 5-107　兵蚁整体背面观

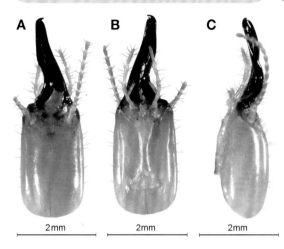

图 5-108　兵蚁头部
A. 背面观；B. 腹面观及后颏；C. 侧面观

兵蚁头部：头褐黄色、长方形，两侧平行，头最宽 1.58～1.68mm，头长至上颚基 2.47～2.68mm，中缝线明显，伸达头部 2/3 处，囟点状、褐红色，位于前额中央；后颏细长，长 1.13～1.26mm，前半段较宽，最宽处位于前段 1/7 处，宽 0.34～0.39mm，腰部以下较窄，狭 0.18～0.21mm，最宽几近最狭的 2 倍；额平坦，在囟孔处稍隆起，并向前缓向下倾斜（见图 5-108）。

兵蚁上唇白色、长方形，前缘稍平，两侧稍尖出，中区具长短毛；上颚黑褐色、细长、不对称，左上颚中间较为扭曲，顶端弯曲成钩，长 2.10～2.31mm，右上颚较平直、刀剑状，前面纤细，端尖形，与左上颚显著不同；触角褐黄色，14 节，第 2 节较短（见图 5-109）。

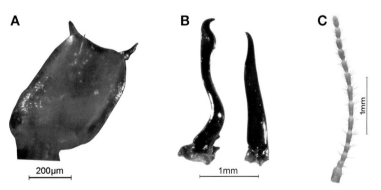

图 5-109　兵蚁上唇（A）、上颚（B）和触角（C）

兵蚁胸部：前胸背板黄色、马鞍形，前半段直立翘起，前缘中央有小缺刻，后缘中央缺刻不很明显，宽 0.89～1.00mm，长 0.31～0.37mm；足黄色，深于腹部，胫节距式 3：2：2，前足胫节长 1.27～1.30mm（见图 5-110）。

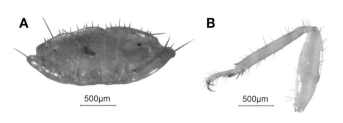

图 5-110　兵蚁前胸背板（A）和前足（B）

32 圆囟钩扭白蚁 *P. sowerbyi*

　　圆囟钩扭白蚁群体中有卵、幼蚁、工蚁、兵蚁和蚁王、蚁后等品级，其中兵蚁数量较少。蚁后头部浅褐色、近圆形，胸、腹部颜色较浅、偏淡黄色，体毛密集。兵蚁头部草黄色，上颚黑褐色，前胸背板黄白色，腹部白色；头部稀生毛，腹部参差密布长短不一的毛。工蚁头淡黄色，腹部灰白色；头圆形，在触角窝处略扩展，后唇基显著隆起，长稍短于宽之半，囟呈球面状隆起，触角 14 节，第 3、4 节短于第 2 节；腹部膨大、橄榄形，头长至上唇尖 1.47～1.50mm，头宽 1.09～1.13mm，前胸背板宽 0.70mm（见图 5-111）。

图 5-111　圆囟钩扭白蚁
A. 蚁后；B. 兵蚁；C. 工蚁

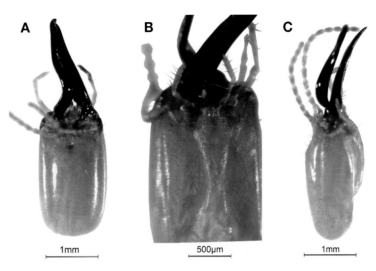

兵蚁头部：头扁筒形，两侧平行，后侧角圆形，后缘略向后方弓出，额顶中央离前端 1/5 处有一短的横槽或凹坑，囟位于此槽中，槽左、右边各有 1 根横生的毛，左、右对生交叉，在此短横槽之前有一宽浅的槽直伸到头的前端；后颏最宽处位于 1/6 处，后渐变窄，最狭处在中后段；侧面观头顶略隆，在离前端 1/5 处开始向前方形成斜坡（见图 5-112）。

图 5-112　兵蚁头部
A. 背面观；B. 腹面观及后颏；C. 侧面观

兵蚁上唇长条形、淡黄色、半透明，前缘呈凹半圆形，两侧角向前延伸成针状；上颚长弯、不对称，左上颚尖端弯曲如钩状，右上颚略短而直，前端变尖，左上颚基部有一齿，右上颚的相对部位有一缺刻；触角 14 节，各节呈短柱状，第 4 节约等于第 2 节，短于第 3 节，以后几节逐渐加长，第 9 节起开始减短（见图 5-113）。

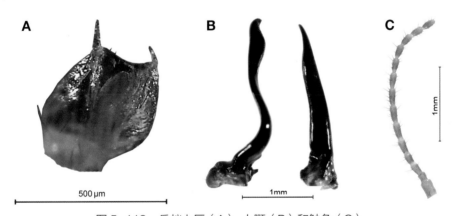

图 5-113　兵蚁上唇（A）、上颚（B）和触角（C）

兵蚁胸部：前胸背板的前半部如直立的半圆形，后半部的侧缘及后缘连成半圆形，前缘及后缘中央皆有缺刻或无刻；前足胫距 3（见图 5-114）。

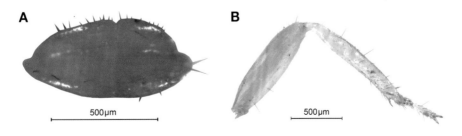

图 5-114　兵蚁前胸背板（A）和前足（B）

十二、钝颚白蚁属 *Ahmaditermes*

　　钝颚白蚁生活于野外环境，喜欢栖息在湿润、半湿润的硬阔树种枯木或枯树根内，其栖息枯木往往较坚硬，可以从枯树皮和枯树表面白蚁出入孔洞中发现白蚁（见图5-115）。该属白蚁群体一般较小，兵蚁、工蚁体形也较小（与象白蚁属、奇象白蚁属和华象白蚁属比较）。在浙江，该属白蚁有翅成虫分飞一般在5月中下旬至6月上旬。

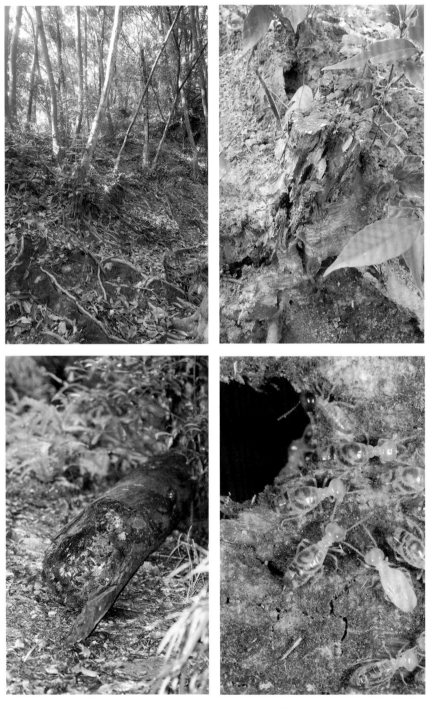

图 5-115　钝颚白蚁栖息生境

形态上，**兵蚁**有一型或二型，头黄色或黄褐色，具分散的毛，头宽梨状，触角窝后收缩明显，近基部两侧强烈突起，后缘中央凹入，触角12～13节，第3节最长，第4节最短。**有翅成虫**体黑褐色，头近圆形，囟位于头顶复眼中间，为淡色Y形斑，触角15节，第3节最短，前翅M脉由肩缝处独立伸出，后翅M脉由Rs脉基伸出。**大工蚁**头近圆形、淡黄色，具淡色T形缝，触角14节，第4节最短。

该属的种间分类主要依据（大）兵蚁如下特征（见图5-116）：①兵蚁一型或二型；②头宽；③头长连象鼻。本图鉴记录4种钝颚白蚁，分别为天目钝颚白蚁、天童钝颚白蚁、凹额钝颚白蚁和屏南钝颚白蚁等。

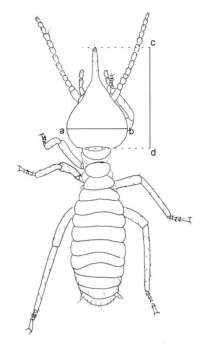

图5-116　钝颚白蚁属兵蚁形态及测量法（潘程远绘）

ab. 头宽，cd. 头长连象鼻

钝颚白蚁属分种检索表
兵 蚁

1. 兵蚁一型 ·· 天目钝颚白蚁 *A. tianmuensis*

   兵蚁二型 ··· 2

2. 大兵头宽大于1.00mm ··· 天童钝颚白蚁 *A. tiantongensis*

   大兵头宽小于1.00mm ··· 3

3. 大兵头长连象鼻大于1.60mm ······························· 凹额钝颚白蚁 *A. foveafrons*

   大兵头长连象鼻小于1.60mm ································ 屏南钝颚白蚁 *A. pingnanensis*

33 天目钝颚白蚁 *A. tianmuensis*

　　天目钝颚白蚁为土木两栖白蚁，栖息于湿润的硬阔树种枯木中，或在硬木枯根内。蚁巢一般较小，巢内可见头部颜色深浅不同的大、小二型工蚁（大工蚁头色深，小工蚁头色浅）以及一型兵蚁（见图 5-117）。天目钝颚白蚁模式标本采集于浙江天目山国家级自然保护区，并以之定名。本图鉴中标本采集于浙江建德里汪一溪谷南侧斜坡的板栗枯树根中。

图 5-117　天目钝颚白蚁
a. 大工蚁；b. 小工蚁；c. 兵蚁

兵蚁

　　头黄褐色，额部稍淡；鼻赤褐色，基部稍淡；触角淡黄色；前胸背板前部近头色，中、后胸背板棕黄色；腹及足棕黄色；头毛稀，鼻端部具短毛；腹部橄榄形；体长不连触角 3.30 ~ 3.50mm（见图 5-118）。

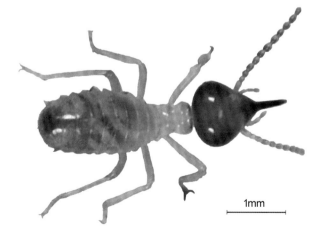

1mm

图 5-118　兵蚁整体背面观

兵蚁头部：头黄褐色，额部稍淡，头后部两侧最宽处色深，梨形、较宽，头宽 0.87～0.95mm，头长至鼻尖 1.46～1.59mm，后缘中央微凹入；后颏黄褐色、粗短、六边形，前端最狭且短小，后边平直、鼻管状；侧面观稍翘起，鼻基稍隆，头顶部不甚隆（见图 5-119）。

兵蚁上颚端齿多数不显；触角多为 13 节，偶见 14 节，13 节者，第 4 节最短，第 2 节、第 3 节相等（见图 5-120）。

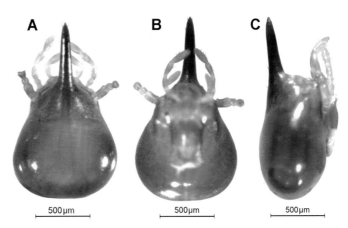

图 5-119　兵蚁头部
A. 背面观；B. 腹面观及后颏；C. 侧面观

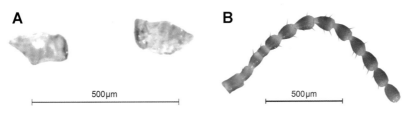

图 5-120　兵蚁上颚（A）和触角（B）

兵蚁胸部：前胸背板前叶色深、直立，前缘中央微凹，后缘中部微弧凹，前胸背板宽 0.42～0.46mm，长 0.15～0.17mm；后足淡黄色，胫节长 1.02～1.11mm（见图 5-121）。

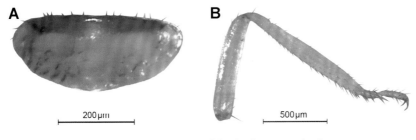

图 5-121　兵蚁前胸背板（A）和后足（B）

成虫

头黑褐色；前胸背板黑褐色，中、后胸背板黄褐色；腹部背板色同前胸背板，腹板色较淡；足黄褐色；背板与腹板之间的节间膜具浓密细毛；体长不连翅 6.72～6.91mm（见图 5-122）。

成虫头部：头方圆形，两侧较平行，头后缘圆形突出，长稍大于宽，头宽连复眼 1.27～1.32mm，头长至上唇尖 1.38～1.45mm，囟位于复眼中间，为淡色

图 5-122　脱翅成虫整体侧面观

Y形斑；后颏黄褐色、粗短，最狭处位于前端；侧面观头顶隆起，后唇基部微突起；复眼大而突出、黑色、近圆形，直径 0.33～0.36mm；单眼色淡、透明、椭圆形，位于复眼内侧，长径 0.11～0.12mm，短径 0.06～0.07mm，单复眼间距 0.11～0.12mm（见图 5-123）。

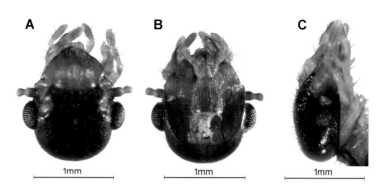

图 5-123　成虫头部
A. 背面观；B. 腹面观及后颏；C. 侧面观

成虫上唇黄褐色、近半圆形，前端有透明区，背部微隆起，具稀疏毛；上颚端部赤褐色，往基部色渐浅、黄色，左、右上颚端齿及其后缘齿相似，左上颚中部稍后处具1枚小缘齿，之后为1枚宽钝齿；触角黄褐色，15节，第3节最短，第2节稍大于第4节，第4节稍大于第5节（见图5-124）。

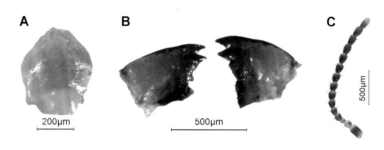

图 5-124　成虫上唇（A）、上颚（B）和触角（C）

成虫胸部： 前胸背板黑褐色，中区色浅，前缘中央凹入，后缘较狭，中央显著凹入，前胸背板宽 1.00～1.10mm，中长 0.60～0.67mm；足黄褐色，胫节距式 2：2：2，后足胫节长 1.55～1.60mm（见图 5-125）。

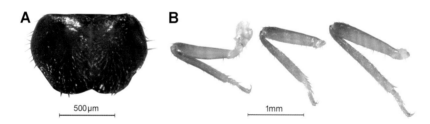

图 5-125　成虫前胸背板（A）和胸足（B，从左到右分别为前、中、后足）

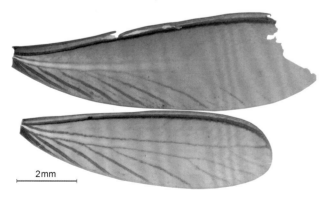

图 5-126　成虫前翅（上，端部破损）和后翅（下）

翅棕褐色，前翅翅脉：Sc+R1 脉为翅的前缘，Rs 脉紧靠 Sc+R1 脉，M 脉在基缝处独立伸出，有 3～4 条分支（破损）；Rs 脉与 M 脉之间距离较大，有一些不甚明显的细网状脉；Cu 脉与 M 脉间的距离较近，有 8～9 条分支；后翅翅脉：M 脉由 Rs 脉分出，与 Cu 脉较近，端部有 2～3 条分支，Cu 脉有 8～9 条分支；翅毛短小；后翅长不连翅鳞 8.38～9.50mm（见图 5-126）。

大工蚁

头淡黄棕色，触角近头色；胸部背板色稍淡于头色，腹、足黄色，体长不连触角 4.15～4.25mm（见图 5-127）。

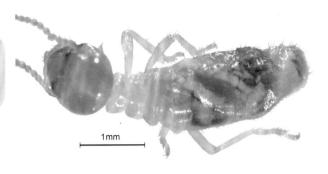

图 5-127 大工蚁整体背面观

大工蚁头部：头黄棕色，具淡色 T 形缝，近圆形，长稍大于宽，头最宽处位于触角窝后，最宽 1.00～1.08mm，头长至上唇尖 1.20～1.35mm，囟位于额区上方中央；后颏淡黄色、长梯形，前窄后宽；侧面观头顶微隆起，后唇基隆起（见图 5-128）。

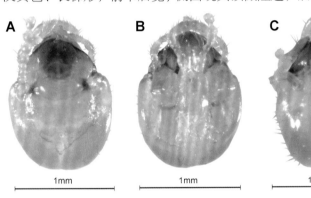

图 5-128 大工蚁头部
A. 背面观；B. 腹面观及后颏；C. 侧面观

大工蚁上唇淡黄色、近圆形，中区背微隆起，具稀疏长毛；上颚端部褐色，往基部色渐浅，为淡黄色，左、右上颚端部 2 枚缘齿相似，左上颚端齿和第 2 缘齿较尖锐；触角淡黄色，14 节，第 4 节最短，第 2 节稍长于第 3 节（见图 5-129）。

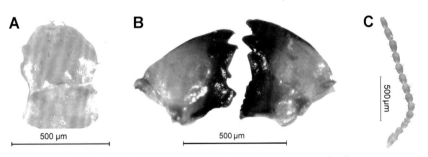

图 5-129 大工蚁上唇（A）、上颚（B）和触角（C）

大工蚁胸部：前胸背板淡黄色，前叶直立，前叶稍大于后叶，前缘中央凹入，后缘微突出，前胸背板宽 0.56～0.60mm，长 0.28～0.31mm；后足淡黄色，胫节长 1.09～1.13mm（见图 5-130）。

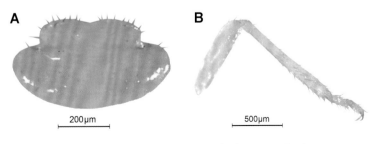

图 5-130 大工蚁前胸背板（A）和后足（B）

34 天童钝颚白蚁 *A. tiantongensis*

天童钝颚白蚁的鉴别特征在于：兵蚁有大、小二型，大兵蚁头较宽（最宽大于 1.00mm）。模式标本采集于浙江宁波天童山，本图鉴中标本同样采集于浙江宁波天童山。

大兵蚁

头黄褐色带灰色，鼻紫褐色，触角黄褐色，胸、腹及足灰白色带褐色，头毛甚稀，鼻端具密短毛（见图5-131）。

大兵蚁头部： 头黄褐色、似大提琴形，头后缘近平直，鼻圆管状，头最宽处位于中后段，最宽 1.01～1.04mm，头长连象鼻约为头宽的 1.6 倍；后颏褐色、粗短、六边形，前端最狭且短小，后边平直；侧面观鼻平伸向前，鼻端微翘，低于头顶，鼻基峰缓向头顶升起（见图5-132）。

大兵蚁上颚端刺明显；触角黄色，14节，第 4 节最短（见图5-133）。

大兵蚁胸部： 前胸背板黄褐色，宽 0.53～0.55mm，约为头宽之半，中长 0.21～0.25mm，后缘中部平直；后足淡黄色，胫节长 1.21～1.31mm，跗节4节（见图5-134）。

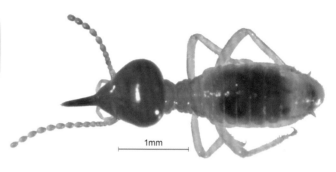

图 5-131　大兵蚁整体背面观

A　　　　　B　　　　　C

图 5-132　大兵蚁头部
A. 背面观；B. 腹面观及后颏；C. 侧面观

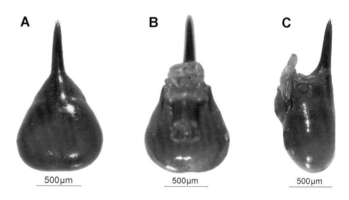

图 5-133
大兵蚁上颚（A）和触角（B）

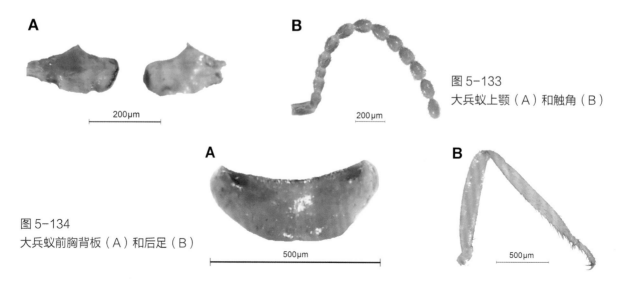

图 5-134
大兵蚁前胸背板（A）和后足（B）

小兵蚁

体色淡于大兵蚁，体形较小（见图5-135）。

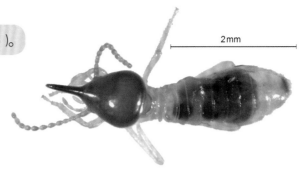

图5-135 小兵蚁整体背面观

小兵蚁头部：头褐黄色，浅于大兵蚁头色，梨形，头后缘中央微凹，最宽处位于头中后段，宽0.85~0.97mm，头长连鼻约为头宽的1.7倍，鼻长大于头长之半；后颏黄褐色、粗短、六边形，前端最狭且短小，后边平直；侧面观鼻端不翘，平伸向前（见图5-136）。

图5-136 小兵蚁头部
A. 背面观；B. 腹面观及后颏；C. 侧面观

小兵蚁上颚缺端刺或端刺微小；触角黄色，13节，第3节最长，第4节短（见图5-137）。

小兵蚁胸部：前胸背板淡黄色，宽0.42~0.52mm，中长0.16~0.21mm，前缘中央微凹入，后缘中部平直；后足淡黄色，胫节长0.97~1.12mm，跗节4节（见图5-138）。

图5-137 小兵蚁上颚（A）和触角（B）

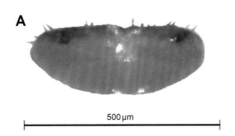 

图5-138 小兵蚁前胸背板（A）和后足（B）

成虫

头褐色，前胸背板棕褐色，中、后胸背板黄褐色，腹部背板色同前胸背板，腹板色较淡，足黄褐色；背板与腹板之间的节间膜具浓密细毛（见图5-139）。

图 5-139　脱翅成虫整体背面观

成虫头部：头近圆形，两侧较平行，头后缘圆形突出，长稍大于宽，头宽连复眼 1.32～1.34mm，头长至上唇尖 1.52～1.55mm，头背及周缘密被黄褐色毛，囟位于复眼中间，为淡色 Y 形斑；复眼大而突出、黑色、近圆形，直径 0.37～0.39mm，单眼色淡、透明、椭圆形，位于复眼内侧，长径 0.11～0.12mm，短径 0.08～0.09mm，单复眼间距 0.08mm；后颏黄褐色、粗短，最狭处位于前端；侧面观头顶隆起，后唇基部微突起（见图5-140）。

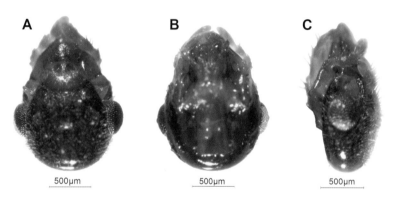

图 5-140　成虫头部
A. 背面观；B. 腹面观及后颏；C. 侧面观

成虫上颚端部褐色，基部黄色，左、右上颚各具 2 枚缘齿，第 1 缘齿明显大于第 2 缘齿；触角褐色，15 节，第 3 节最短（见图5-141）。

图 5-141　成虫上颚（A）和触角（B）

成虫胸部：前胸背板棕褐色，中区色浅，前缘中央平直，后缘较狭，中央明显凹入，前胸背板宽1.09～1.10mm，中长0.64～0.67mm；后足黄褐色，胫节长1.64～1.66mm，跗节4节（见图5-142）。

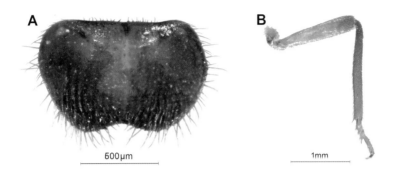

图5-142 成虫前胸背板（A）和后足（B）

翅棕褐色；前翅Sc+R1脉为翅的前缘，Rs脉紧靠Sc+R1脉，M脉在基缝处独立伸出，近翅端有3～4条分支，Rs脉与M脉间距离较大，有一些不甚明显的细网状脉，Cu脉与M脉间距离较近，有8～9条分支，前翅长不连翅鳞10.85～11.01mm；后翅M脉由Rs脉分出，与Cu脉较近，端部有2～3条分支，Cu脉有8～9条分支，后翅长不连翅鳞9.90～9.98mm；翅毛短小（见图5-143）。

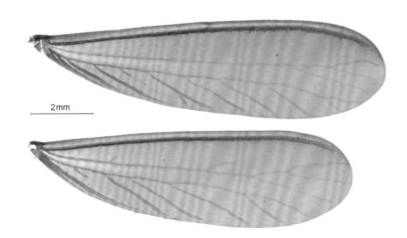

图5-143 前翅（上）和后翅（下）

35 凹额钝颚白蚁 *A. foveafrons*

　　凹额钝颚白蚁生活在湿润或半湿润的硬阔叶树种的枯木、枯树根基部，兵蚁和工蚁各二型（见图5-144）。凹额钝颚白蚁群体一般较小，模式标本采集于浙江天目山国家级自然保护区，并定名。本图鉴中标本采集于浙江开化钱江源头一小段硬阔枯树根基部。

图5-144　凹额钝颚大兵蚁（a）、小兵蚁（b）和大工蚁（c）

大兵蚁

　　头淡黄褐色，触角浅于头色，前胸背板前部色深而后部色淡，中、后胸背板淡黄色，腹部及足淡黄色，头近光裸，鼻端部具数枚短毛，腹部橄榄形，体长不连触角4.00～4.23mm（见图5-145）。

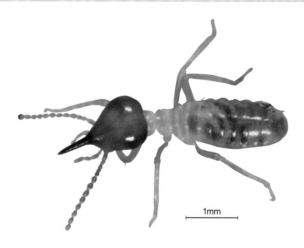

1mm

图5-145　大兵蚁整体背面观

大兵蚁头部：头淡黄褐色、似葫芦形，后部甚宽，头最宽 0.95 ~ 1.02mm，头长至鼻尖 1.60 ~ 1.70mm，鼻基部与头中后部甚凹缩，后缘中央微凹入，鼻赤褐色，鼻基部稍淡；后颏淡黄色、六边形，前端最狭，两侧中央微凹入，后边平直；鼻上翘，鼻基微隆起，额部稍凹，头顶部稍隆起（见图 5-146）。

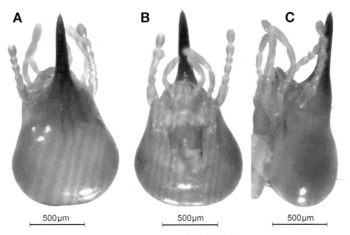

图 5-146　大兵蚁头部
A. 背面观；B. 腹面观及后颏；C. 侧面观

大兵蚁上颚端齿不明显；触角淡黄色，13 节，第 4 节最短，第 3 节稍长于第 2 节（见图 5-147）。

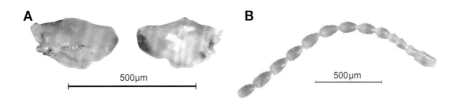

图 5-147　大兵蚁上颚（A）和触角（B）

大兵蚁胸部：前胸背板前叶黄色，稍直立，后叶色淡、淡黄色，前叶稍短于后叶，前缘中央稍凹入，后缘近平直，前胸背板宽 0.51 ~ 0.55mm，长 0.20 ~ 0.22mm；后足淡黄色，胫节长 1.01 ~ 1.18mm（见图 5-148）。

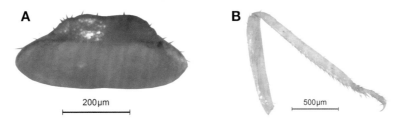

图 5-148　大兵蚁前胸背板（A）和后足（B）

小兵蚁

　　头橙黄色，淡于大兵蚁头色；鼻淡赤褐色；触角同头色；胸背板淡黄色；腹部及后足淡黄色，微显白色，毛序同大兵蚁；体形小于大兵蚁；体长不连触角 3.70 ~ 3.88mm（见图5-149）。

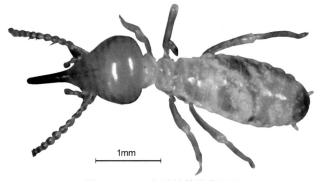

图 5-149　小兵蚁整体背面观

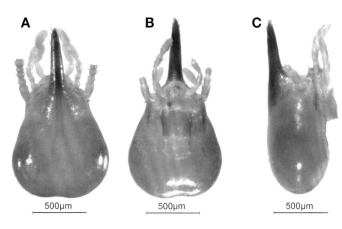

图 5-150　小兵蚁头部
A. 背面观；B. 腹面观及后颏；C. 侧面观

　　小兵蚁头部：头梨形，最宽在头中后部，鼻基与额部凹缩明显，后缘中央凹入，头最宽 0.85 ~ 0.90mm，头长至鼻尖 1.49 ~ 1.61mm；后颏淡黄色、六边形，前端最狭，两侧中央微凹入，后边平直；鼻稍翘，鼻基不隆起，鼻、额部及头顶较平直（见图5-150）。

　　小兵蚁上颚端齿不显；触角淡黄色，13节，第4节最短，第3节、第2节等长（见图5-151）。

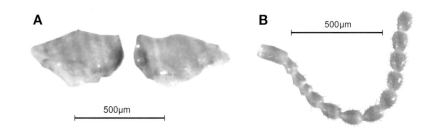

图 5-151　小兵蚁上颚（A）和触角（B）

　　小兵蚁胸部：前胸背板前叶淡黄色、几平，后叶色淡，前缘中央稍凹入，后缘近平直，前胸背板宽 0.45 ~ 0.49mm，长 0.17 ~ 0.18mm；后足淡黄色，胫节长 0.92 ~ 1.03mm（见图5-152）。

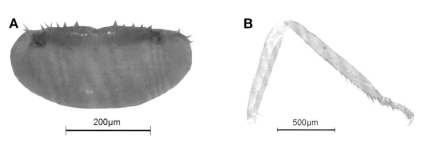

图 5-152　小兵蚁前胸背板（A）和后足（B）

大工蚁

头淡黄色，背面有淡色 T 形缝；胸部色浅于头部；腹部灰白色，略杂以淡黄色；头及腹部背面甚少毛，腹部毛较多；体长不连触角 4.02 ~ 4.21mm（见图 5-153）。

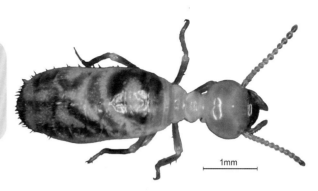

图 5-153 大工蚁整体背面观

大工蚁头部：头近圆形，最宽处位于触角稍后处，两侧向后弧形变窄，后缘弓形，长稍大于宽，头长至上唇尖 1.27 ~ 1.35mm，头宽 1.05 ~ 1.10mm；后颏浅白色，呈前窄后宽的长梯形；侧面观头顶稍隆，后唇基部隆起（见图 5-154）。

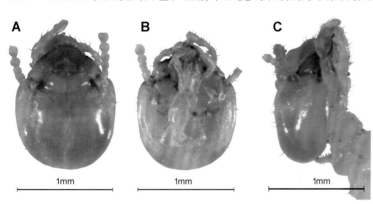

图 5-154 大工蚁头部
A. 背面观；B. 腹面观及后颏；C. 侧面观

大工蚁上唇淡黄色、稍透明、呈半圆状，背面微隆起，具稀疏长毛；上颚端部褐色，往基部色渐浅，为淡黄色，左、右上颚端部两缘齿相似，左上颚端齿和第 2 缘齿较尖锐；触角淡黄色，14 节，第 4 节最短（见图 5-155）。

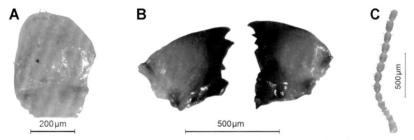

图 5-155 大工蚁上唇（A）、上颚（B）和触角（C）

大工蚁胸部：前胸背板淡黄色、马鞍形，前叶稍直立，前缘中央微凹入，后缘微突出，前胸背板宽 0.65 ~ 0.69mm，长 0.23 ~ 0.25mm；后足淡黄色、稍透明，胫节长 1.08 ~ 1.15mm（见图 5-156）。

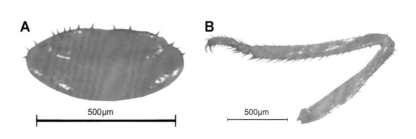

图 5-156 大工蚁前胸背板（A）和后足（B）

121

36 屏南钝颚白蚁 *A. pingnanensis*

屏南钝颚白蚁多见于湿润的硬阔树种的腐朽原木、枯树根中。巢内具有大、小二型工蚁和大、小二型兵蚁。大工蚁头壳黄色，深于小工蚁头壳。大兵蚁体形比小兵蚁稍大，头壳颜色较深（见图 5-157）。本图鉴中标本采自浙江龙泉屏南罗木桥（海拔 850m）。

图 5-157 屏南钝颚白蚁
A. 大工蚁；B. 小工蚁；C. 大兵蚁；D. 小兵蚁

大兵蚁

头黄色；象鼻深褐色；胸部背板淡黄色；腹部灰白色；腹部背面具短毛，腹面有较长细毛；体长不连触角 3.80 ~ 4.20mm（见图 5-158）。

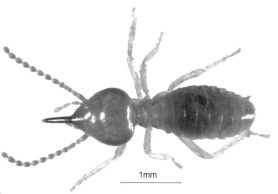

图 5-158 大兵蚁整体背面观

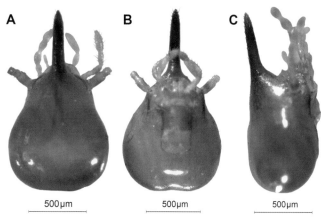

图 5-159 大兵蚁头部
A. 背面观；B. 腹面观及后颏；C. 侧面观

大兵蚁头部： 头长大于宽，头前部 1/3 处较窄，且有凹缢，鼻长于头长之半，鼻背中线有一纵脊，向后伸达头的中点，后缘中央凹入，头最宽处位于中后部，头宽 0.90 ~ 1.00mm，头长至鼻尖 1.30 ~ 1.40mm；后颏黄色、六边形，前端最狭且短小，两侧中央微凹入，后边平直；侧面观鼻与头背间稍下凹（见图 5-159）。

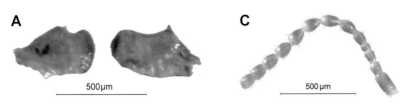

图 5-160　大兵蚁上颚（A）和触角（B）

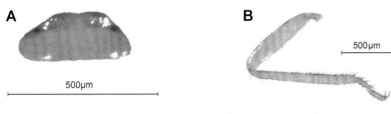

图 5-161　大兵蚁前胸背板（A）和后足（B）

大兵蚁上颚尖刺小或无；触角黄色，13 节，第 4 节最短，第 3 节、第 5 节约等长（见图 5-160）。

大兵蚁胸部：前胸背板前叶淡黄褐色、直立，后叶色浅、淡黄色，前缘中央微凹入，后缘平直，前胸背板较狭，宽 0.50～0.60mm，长 0.22～0.25mm；后足淡黄色，胫节长 1.10～1.20mm（见图 5-161）。

小兵蚁

头淡黄色；象鼻红褐色；胸部背板淡黄色；腹部灰白色，腹部背面具短毛，腹面有较长细毛；体显著小于大兵蚁；体长不连触角 2.50～2.70mm（见图 5-162）。

小兵蚁头部：头淡黄色、梨形，比大兵蚁细长，最宽处在头中后部，触角窝后凹缩，后缘中央微凹入，头最宽 0.58～0.65mm，头长至鼻尖 1.12～1.25mm；后颏淡黄色、六边形，后边平直；鼻淡红褐色、稍翘，鼻基微隆起，头顶稍隆起（见图 5-163）。

图 5-162　小兵蚁整体背面观

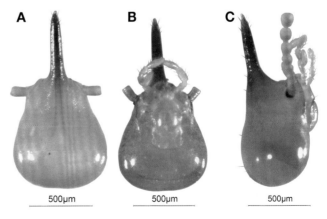

图 5-163　小兵蚁头部
A. 背面观；B. 腹面观及后颏；C. 侧面观

小兵蚁上颚具小突起；触角淡黄色，12节，第3节最短，第2节、第4节约等长（见图5-164）。

小兵蚁胸部： 前胸背板前叶淡黄色、直立，后叶色浅，前胸背板宽0.48～0.52mm，长0.17～0.19mm；后足淡黄色，胫节长0.65～0.85mm（见图5-165）。

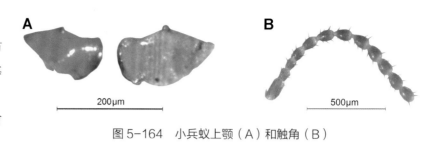

图5-164 小兵蚁上颚（A）和触角（B）

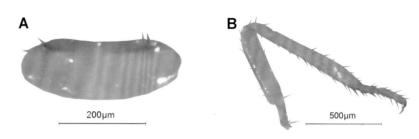

图5-165 小兵蚁前胸背板（A）和后足（B）

成虫

头黑褐色；前胸背板棕褐色，中、后胸背板黄褐色；腹部背板色同前胸背板，腹板色较淡；足黄褐色；背板与腹板之间的节间膜具浓密细毛；体长不连翅7.20～7.50mm（见图5-166）。

图5-166 有翅成虫背面观（上）和侧面观（下）

成虫头部：头近圆形，长稍大于宽，头宽连复眼 1.20 ~ 1.30mm，头长至上唇尖 1.42 ~ 1.55mm，囟位于复眼中间，为淡色 Y 形斑；后颏黄褐色，粗短，最狭处位于前端（见图 5-167）。复眼大而突出、黑色、长圆形，单眼色淡、透明、椭圆形，位于复眼内侧；触角褐色，15 节；上颚端部褐色，基部褐黄色，左、右上颚各具 2 枚缘齿；上唇黄褐色、近圆形（见图 5-168）。

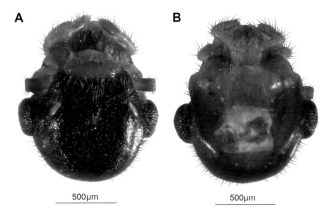

图 5-167　成虫头部
A. 背面观；B. 腹面观及后颏

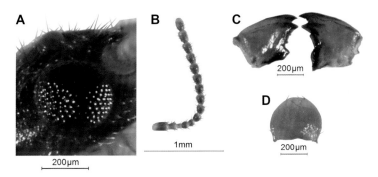
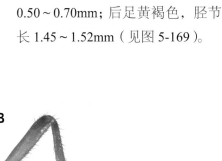

图 5-168　成虫单、复眼（A），触角（B），上颚（C）和上唇（D）

成虫胸部：前胸背板棕褐色，周缘色较深，中区色浅，前缘中央稍凹陷，后缘较狭，中央有缺刻，前胸背板宽 0.99 ~ 1.15mm，中长 0.50 ~ 0.70mm；后足黄褐色，胫节长 1.45 ~ 1.52mm（见图 5-169）。

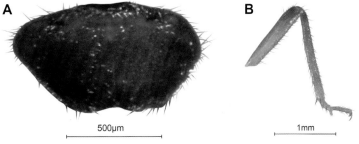

图 5-169　成虫前胸背板（A）和后足（B）

翅棕褐色。前翅翅脉：Sc+R1 脉为翅的前缘，Rs 脉紧靠 Sc+R1 脉，M 脉在基缝处独立伸出，有 3 ~ 4 条分支；Rs 脉与 M 脉间距离较大，有一些不甚明显的细网状脉；Cu 脉与 M 脉间的距离较近，有 8 ~ 9 条分支。后翅翅脉：M 脉由 Rs 脉分出，与 Cu 脉较近，有时与 Cu 脉相交，其他脉似前翅；翅毛短小。前翅长不连翅鳞 10.20 ~ 10.30mm，后翅长不连翅鳞 9.58 ~ 9.65mm（见图 5-170）。

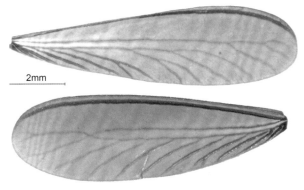

图 5-170　前翅（上）和后翅（下）

大工蚁

头淡黄色，背面具淡色 T 形缝；胸、腹部乳白色；体长不连触角 4.20 ~ 4.35mm（见图 5-171）。

图 5-171　大工蚁整体背面观

大工蚁头部：头近圆形，长稍大于宽，头最宽处位于触角窝后，最宽 0.99 ~ 1.05mm，头长至上唇尖 1.28 ~ 1.33mm，后唇长度大于宽度的一半以上，囟位于额区上方中央；后颏乳白色、长梯形，前窄后宽；侧面观头顶微隆起，后唇基隆起（见图 5-172）。

大工蚁上唇淡黄色、扁圆形，宽大于长，中区背微隆起，具稀疏长毛；上颚端部褐色，往基部色渐浅，为淡黄色，左、右上颚端部两缘齿相似，左上颚端齿和第 2 缘齿较尖锐；触角淡黄色，14 节，第 4 节最短（见图 5-173）。

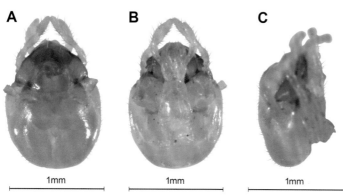

图 5-172　大工蚁头部
A. 背面观；B. 腹面观及后颏；C. 侧面观

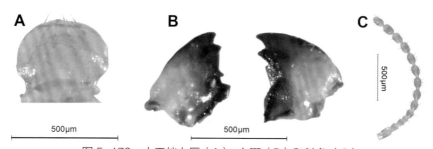

图 5-173　大工蚁上唇（A）、上颚（B）和触角（C）

大工蚁胸部：前胸背板淡黄色，前叶直立，与后叶呈垂直状，前、后叶大小约相等，前缘中央凹入，后缘微突出，前胸背板宽 0.58 ~ 0.62mm，长 0.30 ~ 0.32mm；后足淡黄色、微白，胫节长 1.05 ~ 1.15mm（见图 5-174）。

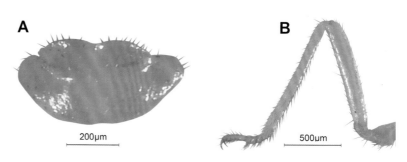

图 5-174　大工蚁前胸背板（A）和后足（B）

十三、象白蚁属 *Nasutitermes*

　　象白蚁栖息在野外环境，常见于阔叶林较多且湿润的自然保护区，在腐朽、湿润的壳斗科树干、树枝或枯树根中尤为常见；巢群中可见大、小二型工蚁和一型兵蚁（有些种类具二型兵蚁）（见图 5-175）。在浙江，该属白蚁有翅成虫分飞一般在 5 月下旬至 6 月上中旬。

图 5-175　象白蚁生境

A. 溪流边的板栗林；B. 枯树桩（阔叶树种）；C. 大工蚁（a）、小工蚁（b）和兵蚁（c）

　　形态上，**兵蚁**大多数一型，偶有二型，头淡黄褐色、圆形或长卵形，象鼻自额前伸出，鼻似管状或前细后粗的圆锥形，头中部不狭缩，头顶与鼻交接处或平直或略凹下，触角窝后无收缩，上颚极小，其前侧突钝或时有尖刺伸出。**有翅成虫**全身暗色，头宽卵形，后唇基色淡，宽数倍于长，囟小，多数长形分叉，触角节不甚长，中、后胸背板后缘凹入颇宽，前翅鳞与后翅鳞大小相仿，R 脉缺，M 脉距 Cu 脉甚近。**大工蚁**头黄色，具淡色 T 形缝，头近圆形，长稍大于宽，胸、腹部淡黄色，触角多数 14 节，第 4 节最短。

该属的种间分类主要依据兵蚁的如下特征（见图5-176）：①头形；②头宽；③头长连象鼻；④头后缘形态；⑤象鼻形态。本图鉴记录5种象白蚁，分别为卵头象白蚁、天童象白蚁、小象白蚁、尖鼻象白蚁和庆界象白蚁等。

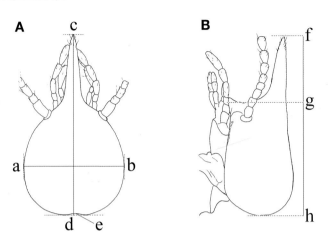

图 5-176　象白蚁属兵蚁头部形态及测量法（潘程远绘）
A. 正面观；B. 侧面观
ab. 头宽；cd. 头长连象鼻；e. 头后缘中央；fg. 鼻长；fh. 头长连象鼻；gh. 头长至上颚基

象白蚁属分种检索表
兵　蚁

1. 头长至上颚基显著大于头宽 ·· **卵头象白蚁 *N. ovaus***

　头长至上颚基小于或等于头宽 ·· **2**

2. 头后缘中央微凹入 ······························· **天童象白蚁 *N. tiantongensis***

　头后缘中央稍平或弧圆形 ·· **3**

3. 头长连象鼻小于 1.78mm ························· **小象白蚁 *N. parvonasutus***

　头长连象鼻大于 1.78mm ··· **4**

4. 象鼻细长 ··· **尖鼻象白蚁 *N. gardneri***

　象鼻粗壮 ··· **庆界象白蚁 *N. qingjiensis***

37 卵头象白蚁 *N. ovatus*

卵头象白蚁模式标本采集于江西信丰，由范树德（1983）定名。该白蚁喜欢在湿润的阔叶树种的枯枝、枯树根中活动，其显著特征是：兵蚁头长卵圆形，头长至上颚基显著大于头宽，这也是区别于其他四种象白蚁的鉴别特征。本图鉴中标本采集于浙江龙泉鞭篱古道。

兵蚁

头棕黄色；触角同头色；鼻赤褐色，基部略浅；前胸背板前部色较深，其余为黄色；胸、腹部毛短而稀疏（见图5-177）。

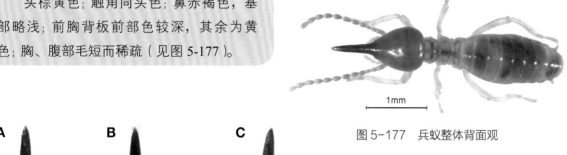

图5-177　兵蚁整体背面观

兵蚁头部：头棕黄色、近卵形，头长至上颚基0.83～0.86mm，头宽0.67～0.73mm，长显著大于宽，头最宽处位于中后部，后缘宽圆出或稍平，头部后头顶两侧各具1根长毛，鼻端具4根长毛及少许短毛；后颏六角形，最狭处位于端部，两侧边稍凹；侧面观鼻与头顶几成直线，平行于头下缘，鼻管状、较长（见图5-178）。

图5-178　兵蚁头部
A.背面观；B.腹面观及后颏；C.侧面观

兵蚁上颚具尖刺；触角黄色，12节，第3节略长于2节，第2、4节近等长（见图5-179）。

图5-179　兵蚁上颚（A）和触角（B）

兵蚁胸部：前胸背板黄色、马鞍状，前叶色较深，前、后部相交成直角，前、后缘无凹刻，宽0.36～0.40mm，中长0.16～0.19mm；后足淡黄色，胫节长0.84～1.00mm（见图5-180）。

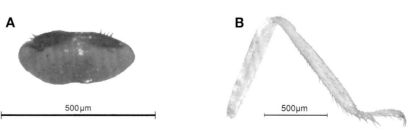

图5-180　兵蚁前胸背板（A）和后足（B）

38 天童象白蚁 *N. tiantongensis*

天童象白蚁常见于湿润的阔叶树种枯枝、腐木中，具有一型兵蚁和大、小二型工蚁。该白蚁模式标本采集于浙江宁波天童山，并以之定名。本图鉴中标本采集于浙江宁波天童山，在其他地区，如开化、建德、泰顺、文成也均有发现。

兵蚁

头浅黄褐色；鼻赤褐色；触角褐色；胸、腹及足白色带淡褐色；头被细毛，杂以数枚长毛；鼻端具密短毛；体长不连触角 3.70～3.93mm（见图 5-181）。

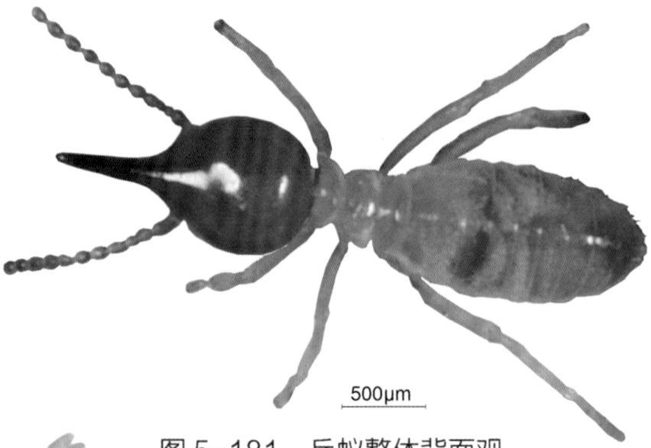

500μm

图 5-181　兵蚁整体背面观

A
B
C
500μm
500μm
500μm

图 5-182　兵蚁头部
A. 背面观；B. 腹面观及后颏；C. 侧面观

兵蚁头部：头淡黄褐色、近梨形，长大于宽，最宽处在头后 1/3 处，最宽 0.80～0.89mm，头后缘突出，中央浅凹入，头长连象鼻 1.54～1.73mm，为头宽的 1.9～2.0 倍，鼻圆管状，长 0.59～0.69mm；后颏六角形，最狭处位于端部，两侧边稍凹；侧面观鼻平伸向前，鼻基稍隆起，头顶高于鼻端（见图 5-182）。

兵蚁上颚具端刺；触角淡黄色，12～13 节，第 2 节或第 4 节最短（见图 5-183）。

A
B
200μm
500μm

图 5-183　兵蚁上颚（A）和触角（B）

兵蚁胸部：前胸背板淡黄色、梭形，前部直立，宽 0.42～0.45mm，长 0.16～0.18mm，前缘色较深，前、后缘中央近平直；后足白色带褐色，胫节长为 0.97～1.05mm（见图 5-184）。

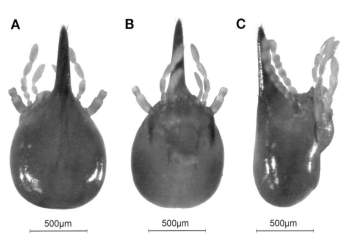

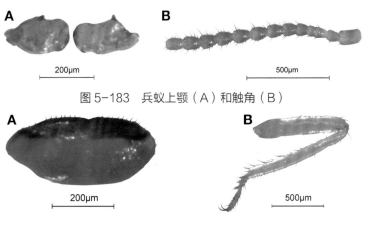

A
B
200μm
500μm

图 5-184　兵蚁前胸背板（A）和后足（B）

大工蚁

头淡黄色，背面有淡色T形缝；腹部灰白色略杂以淡黄色；头及腹部背面甚少毛，腹部毛较多；体长不连触角3.75～3.96mm（见图5-185）。

图5-185 大工蚁整体背面观

大工蚁头部：头淡黄色，具淡色T形缝，近圆形，囟在T形缝交叉点后方，后唇基隆起，头最宽处位于触角后方，最宽1.09～1.16mm，头长至上唇尖1.35～1.38mm；触角淡黄色，14节，第4节最短；上颚端部红褐色，往基部色渐浅，为淡黄褐色，左、右上颚端部两缘齿相似，近中部及后端缘齿有差异（见图5-186）。

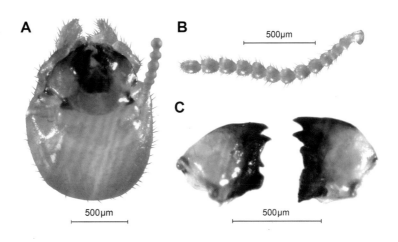

图5-186 大工蚁头背面观（A）、触角（B）和上颚（C）

大工蚁胸部：前胸背板黄白色、马鞍形，前部直立，中央凹入，后缘较平直，中央浅凹入，周缘具短毛，宽0.59～0.64mm，长0.24～0.29mm；后足黄白色、透明，胫节长1.08～1.18mm（见图5-187）。

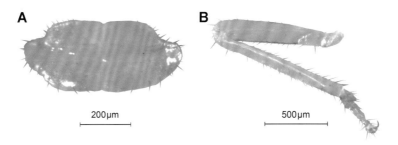

图5-187 大工蚁前胸背板（A）和后足（B）

39 小象白蚁 *N. parvonasutus*

小象白蚁栖息环境与天童象白蚁相似，喜欢在一些阔叶树种枯枝、枯树根中活动。该白蚁巢内具大、小工蚁二型及兵蚁一型，通过在栖息枯木筑小孔与外界保持联系（见图5-188）。小象白蚁模式标本发现于台湾恒春，后在福建、浙江等地也有被发现。本图鉴中标本采集于浙江建德壳斗科植物枯树根中。

图5-188　小象白蚁大工蚁（a）、小工蚁（b）、兵蚁（c）及出入孔

兵蚁

　　头黄色；象鼻赤色微杂褐色；腹部近于白色；头赤裸或仅具极少细微短毛；腹部背面具极短毛，间以数枚细长毛，末端长毛稍多；体长不连触角4.05～4.44mm（见图5-189）。

2mm

图5-189　兵蚁整体背面观

　　兵蚁头部：头黄色、短卵形，长略大于宽，最宽处在中点稍后，头长连象鼻1.54～1.70mm，头最宽0.84～0.97mm，后缘曲度小，象鼻管状，微倾斜伸向头的腹面，鼻与头顶近于直线或微下凹，鼻长0.59～0.66mm；后颏六角形，最狭处位于端部，两侧边稍凹；侧面观鼻平伸向前，鼻与头顶较平直（见图5-190）。

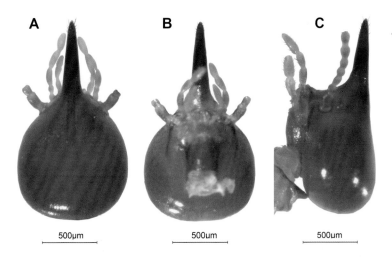

图 5-190　兵蚁头部
A. 背面观；B. 腹面观及后颏；C. 侧面观

兵蚁多数上颚侧端尖，但不伸出，少数具尖刺；触角淡黄色，13 节，第 4 节最短，第 2、3、5 节约等长，12 节者，第 4、5 节分裂不彻底，成为较长的节（见图 5-191）。

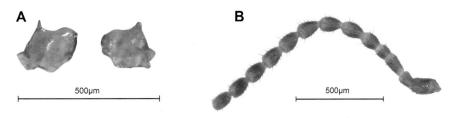

图 5-191　兵蚁上颚（A）和触角（B）

兵蚁胸部：前胸背板淡黄色、梭形，前缘色较深，前部直立，前、后部几等宽，前、后缘中央无缺刻，前胸背板宽 0.45～0.50mm，长 0.20～0.25mm；后足淡黄色、微白、透明，胫节长 0.95～1.04mm（见图 5-192）。

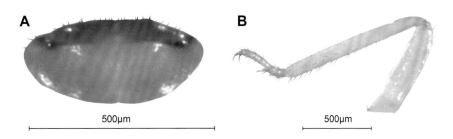

图 5-192　兵蚁前胸背板（A）和后足（B）

大工蚁

头黄色；触角淡黄色、微白，腹部近白色；头具少许短毛；腹部背面密布短毛，腹面具短毛，每节后端具 1 列长毛；体长不连触角为 4.72～5.25mm（见图 5-193）。

图 5-193　大工蚁整体背面观

大工蚁头部：头背面黄色，具淡色 T 形纹，头壳卵圆形，头顶平，头最宽处位于中段，最宽 1.09～1.16mm，头长至上唇尖 1.36～1.43mm，后唇基略隆起，上唇透明；触角淡黄色、微白，14 节，第 4 节最短，第 2 节、第 3 节约等长；上颚端部红褐色，往基部色渐浅，为淡黄色，左、右上颚端部两缘齿相似，左上颚端齿和第 2 缘齿较圆钝（见图 5-194）。

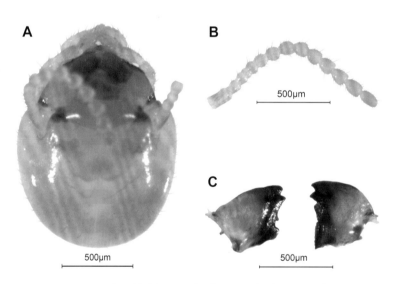

图 5-194　大工蚁头背面观（A）、触角（B）和上颚（C）

大工蚁胸部：前胸背板淡乳白色，杂以黄色，马鞍形，前部直立，中央具凹刻，后缘较平直，周缘具短毛，宽 0.60～0.69mm，长 0.22～0.25mm；后足乳白色、透明，胫节长 0.98～1.09mm（见图 5-195）。

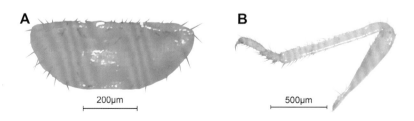

图 5-195　大工蚁前胸背板（A）和后足（B）

40 尖鼻象白蚁 *N. gardneri*

尖鼻象白蚁常生活于湿润、腐朽的原木之中，在腐木内筑巢，形成空洞。蚁巢结构复杂，由排泄物黏结而成，新鲜巢湿润、松脆，巢体干燥后坚硬。在蚁巢树外部常见到简单的蚁路、排泄物、羽化孔等外露迹象。兵蚁一型，象鼻细长。

兵蚁

头黄色杂有褐色；象鼻赤褐色；触角及腹部背面黄褐色；腹部腹面淡褐色；头光裸，仅具零星毛；胸部具少许微短毛；腹部背面密布细短毛，腹面每节后端具 1 列长毛（见图 5-196）。

图 5-196 兵蚁整体背面观

兵蚁头部：头宽圆形，触角窝后不收缩，长、宽约相等，头中部最宽，象鼻长管状，平伸向前，

图 5-197 兵蚁头部
A. 背面观；B. 腹面观及后颏；C. 侧面观

鼻与头顶连线微凹；后颏六角形，前、后两侧边稍凹；侧面观头顶后端圆突、光滑，鼻端有毛（见图 5-197）。

兵蚁上颚外端秃钝，无尖刺；触角 13 节，第 2 节、第 4 节约等长，第 3 节约为第 2 节的 2 倍长，但有时呈现不完全的分裂状（见图 5-198）。

图 5-198
兵蚁右上颚（A）和触角（B）

兵蚁胸部：前胸背板梭形，前部直立、褐色，中后部黄色，中间淡色"十"字形，前、后缘中央均不凹入；后足胫节长 1.13～1.28mm（见图 5-199）。

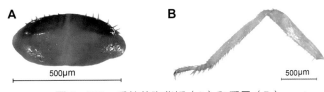

图 5-199 兵蚁前胸背板（A）和后足（B）

大工蚁

头黄色，胸、腹部淡黄色，杂以褐色；全身密被细短毛；体长不连触角 4.15 ~ 4.29mm（见图 5-200）。

图 5-200　大工蚁整体背面观

大工蚁头部：头近圆形，具淡色 T 形缝，前端略向两侧扩展，头背面横纹前向前下方倾斜，后唇基隆起，头最宽处位于中段，最宽 1.25 ~ 1.31mm，头长至上唇尖 1.52 ~ 1.63mm；触角淡黄色，14 或 15 节（本标本 14 节，柄节破损）；上颚端部红褐色，往基部色渐浅，为淡黄色，左、右上颚端部两缘齿相似，左上颚端齿和第 2 缘齿较尖锐（见图 5-201）。

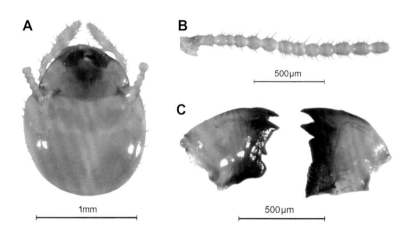

图 5-201　大工蚁头背面观（A）、触角（B）和上颚（C）

大工蚁胸部：前胸背板淡黄色，前半部大而直立，前缘中央凹入，后缘平直，中央稍圆出，前胸背板宽 0.73 ~ 0.81mm，长 0.23 ~ 0.25mm；后足淡黄色、透明，胫节长 1.12 ~ 1.19mm（见图 5-202）。

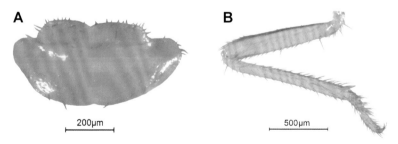

图 5-202　大工蚁前胸背板（A）和后足（B）

41 庆界象白蚁 *N. qingjiensis*

庆界象白蚁的栖息环境、场所与其他象白蚁属白蚁相似，喜在湿润的阔叶树种的枯枝、枯树根等中活动，其巢筑于硬阔枯树内。庆界象白蚁巢群内可见大、小二型工蚁和一型兵蚁（见图 5-203）。该白蚁模式标本发现于浙江龙泉，并以之定名。本图鉴中标本采集于浙江龙泉，现养殖于萧山白蚁防治所，室内环境下，6—7 月巢内可见有翅成虫。

图 5-203　庆界象白蚁大工蚁（a）、小工蚁（b）、兵蚁（c）和带翅芽若蚁（d）

兵蚁

头黄褐色；象鼻大部为红棕色；胸、腹部淡褐色；头近光裸、无毛；鼻端具短毛；腹部背板有细毛，腹面毛较细长；体长不连触角 3.80～4.20mm（见图 5-204）。

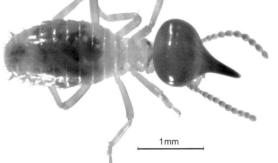

图 5-204　兵蚁整体背面观

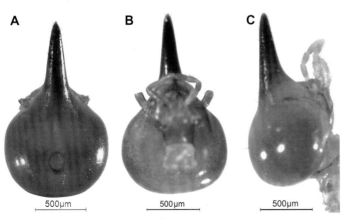

图 5-205　兵蚁头部
A. 背面观；B. 腹面观及后颏；C. 侧面观

兵蚁头部： 头黄褐色、近圆形，最宽处位于中段，宽 1.00～1.20mm，象鼻红棕色、长锥形，长约 1mm，与头近等长，鼻背中线隆起至额区；后颏六角形，最狭处位于端部，两侧边稍凹；侧面观鼻与头相交处稍凹陷，头长连象鼻 1.80～1.90mm（见图 5-205）。

兵蚁上颚无尖刺；触角黄色，13 节，第 4 节最短（见图 5-206）。

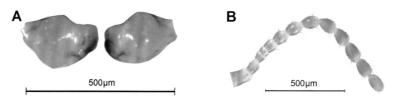

图 5-206　兵蚁上颚（A）和触角（B）

兵蚁胸部：前胸背板淡褐色，前部直立，略短于后部，前缘中央具微凹痕迹，前胸背板宽 0.46 ~ 0.59mm，长 0.21 ~ 0.25mm；后足淡黄色，胫节长 0.97 ~ 1.08mm（见图 5-207）。

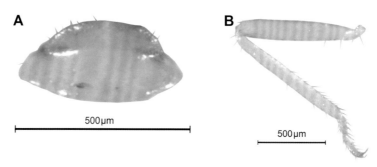

图 5-207　兵蚁前胸背板（A）和后足（B）

成虫

　　头及胸、腹背面棕褐色，触角及足淡黄褐色，体长 5.57 ~ 5.90mm（见图 5-208）。

图 5-208　脱翅成虫整体背面观

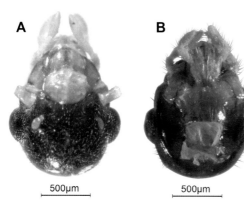

成虫头部：头棕褐色、近圆形，长稍大于宽，头最宽处位于复眼处，宽 1.13 ~ 1.19mm，头长至上唇尖 1.28 ~ 1.34mm；后颏呈六边形，最狭处位于前端；侧面观头顶隆起明显，头顶密布长短毛（见图 5-209）。

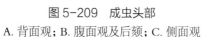

图 5-209　成虫头部
A. 背面观；B. 腹面观及后颏；C. 侧面观

成虫复眼位于头顶中段两侧，突出，单眼2只，位于复眼间，紧靠复眼；囟位于头顶中央，浅凹入，呈Y形缝；复眼暗黑色、大圆形，直径约0.36mm，单眼椭圆形、乳白色，长径0.14～0.15mm，短径0.06～0.08mm，单复眼间距约0.05mm；触角淡黄褐色，15节，第3节最短，后唇基黄色，上唇淡黄色、透明；上颚端部淡褐色，往基部色渐浅，黄色，左、右上颚端齿及其后缘齿相似，左上颚中部稍后处具1枚小缘齿，之后为1枚宽钝齿（见图5-210）。

成虫胸部： 前胸背板棕褐色，前端宽，后狭，宽0.96～1.00mm，长0.62～0.65mm，前缘较平直，后缘中央凹入明显，背面中央具淡色T形纹，前胸背板背及周缘密布长毛；胫节距式2：2：2，后足黄色，腿节与胫节间色较深，淡褐色，后足胫节长1.50～1.61mm（见图5-211）。

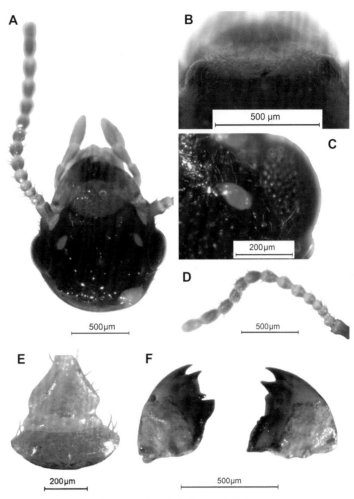

图 5-210 成虫头部形态特征
A. 头背面观；B. 囟孔；C. 单、复眼；D. 触角；E. 上唇；F. 上颚

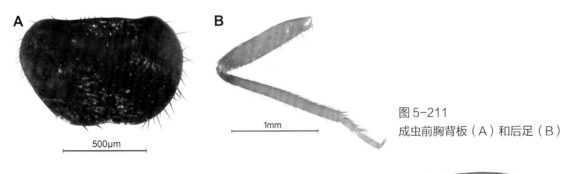

图 5-211
成虫前胸背板（A）和后足（B）

翅淡黑褐色；前翅M脉在肩缝处独立伸出，距Cu脉近于Rs脉，末端具2～3个分支，Cu脉具10余个分支，前翅长不带翅鳞9.60～9.65mm；后翅M脉在肩缝处与Rs脉汇合伸出，末端具3～4个分支，其余同前翅（见图5-212）。

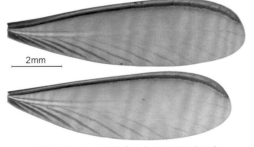

图 5-212 前翅（上）和后翅（下）

大工蚁

> 头黄色，胸、腹部淡黄色，头具稀疏短毛，胸、腹背面及腹面均具密短毛，体长不连触角 4.42 ~ 4.55mm（见图 5-213）。

图 5-213　大工蚁整体背面观

大工蚁头部：头似圆方形，头顶具淡色 T 形纹，头最宽处位于中段，宽 1.20 ~ 1.40mm，头长至上唇尖 1.40 ~ 1.60mm；后颏近长方形，前端略狭，两侧往后渐宽，色同头壳，稍浅；侧面观额顶微隆起，后唇基隆起，中央具纵沟（见图 5-214）。

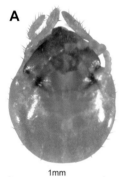 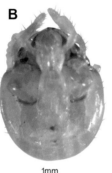 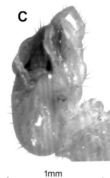

图 5-214　大工蚁头部
A. 背面观；B. 腹面观及后颏；C. 侧面观

大工蚁上唇黄色、近圆形，顶部微隆起，具稀疏毛；上颚形、色同成虫上颚，端部红褐色，往基部色渐浅，为淡黄色，左、右上颚端部两缘齿相似，左上颚端齿和第 2 缘齿较圆钝；触角淡黄色，14 节，第 4 节最短（见图 5-215）。

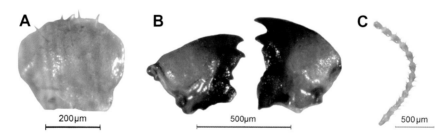

图 5-215　大工蚁上唇（A）、上颚（B）和触角（C）

大工蚁胸部：前胸背板淡黄色，前部直立，与后部约等宽，前缘无凹陷，前胸背板宽 0.69 ~ 0.73mm，长 0.35 ~ 0.38mm；后足淡黄色，胫节长 1.08 ~ 1.20mm（见图 5-216）。

 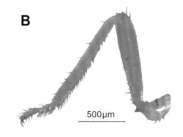

图 5-216　大工蚁前胸背板（A）和后足（B）

十四、夏氏白蚁属 *Xiaitermes*

夏氏白蚁属由何秀松和高道蓉（1994）建立，模式种为鄞县夏氏白蚁 *Xiaitermes yinxianensis*，该属分布于东洋区。全世界 2 种，均分布于中国，且仅在浙江有这 2 种夏氏白蚁记录：鄞县夏氏白蚁和天台夏氏白蚁。

夏式白蚁属属于象白蚁亚科。这个亚科的白蚁一般在野外生态较好的阔叶林地腐木中栖息活动；而夏氏白蚁则危害房屋建筑木构件，它们主要在房屋建筑的柱子和大梁内活动，在柱内筑巢。

形态上，夏氏白蚁属与华象白蚁属、象白蚁属较为接近，但夏氏白蚁属兵蚁头部在鼻基两侧各具 1 个小突起，可明显与其他象白蚁亚科各属相区别（见图 5-217）。**兵蚁**一型或二型，头黄褐色，象鼻赤褐色，头近光裸，鼻端具少许短毛，头宽圆形，宽稍大于长，鼻圆管状，侧面观鼻端略翘起，鼻基两侧各具 1 个小突起，触角窝后不收缩，触角 13~14 节，上颚端齿圆钝或不显，前胸背板前缘斜翘，中央凹入，后缘宽阔、稍平，后足胫节较短，胫节距式 2：2：2，跗节 4 节。**工蚁**头赤褐色、具稀疏毛、宽圆形，触角窝后最宽，囟呈圆形凹坑，位于 T 形缝交叉点正后方，后唇基隆起，触角 14~15 节，前胸背板较宽，前缘中央凹入，后足胫节较短。

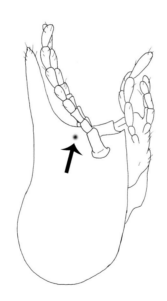

图 5-217　夏氏白蚁属兵蚁鼻基小突起（箭头所指处）（潘程远绘）

本图鉴记录 2 种夏氏白蚁，分别为天台夏氏白蚁和鄞县夏氏白蚁，两者的区别在于：天台夏氏白蚁兵蚁一型，兵蚁体形较小；鄞县夏氏白蚁兵蚁二型，大兵蚁体形较大。

42 天台夏氏白蚁 *X. tiantaiensis*

天台夏氏白蚁栖息于室内环境中。与之后介绍的鄞县夏氏白蚁的区别在于：天台夏氏白蚁兵蚁仅一型，且体形较小。该白蚁模式标本采集于浙江天台。本图鉴中标本采集于浙江宁波宁海温泉酒店地板中。

兵蚁

> 头黄褐色；象鼻淡赤褐色；额腺管明显；触角近似头色；前胸背板前部黄褐色，后部稍浅；足黄色；头近光裸；腹部背面密生短毛（见图 5-218）。

2mm

图 5-218　兵蚁整体背面观

兵蚁头部：头黄褐色、近圆形，自触角窝后扩展，中部附近最宽，宽 1.04～1.12mm，后缘稍弧出，象鼻管状；后颏黄褐色、六边形，前端最狭；侧面观鼻平，向前稍翘起，头顶部稍隆出，头高连后颏 0.81～0.90mm（见图 5-219）。

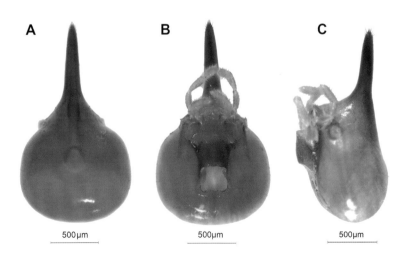

A   B   C

500μm   500μm   500μm

图 5-219　兵蚁头部
A. 背面观；B. 腹面观及后颏；C. 侧面观

兵蚁上颚端齿不显或圆钝；触角黄褐色，13 节，第 2、3、4 节中，第 3 节最长，第 4 节稍短于或等于第 2 节；鼻基部两侧近触角窝处各具 1 个小突起（见图 5-220）。

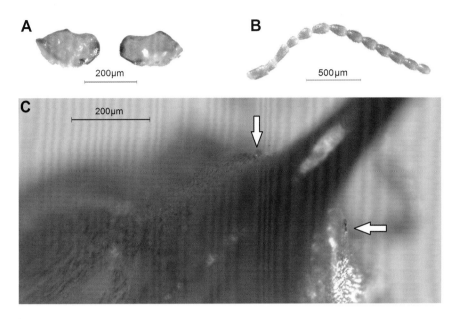

图 5-220　兵蚁上颚（A）、触角（B）和鼻基小突起（C）

兵蚁胸部：前胸背板黄褐色、马鞍形，前部稍短于后部，前缘中央凹刻不显，后缘稍平直，宽 0.55～0.59mm，中长 0.23～0.25mm；后足淡黄色，胫节长 1.20～1.26mm，跗节 4 节（见图 5-221）。

图 5-221　兵蚁前胸背板（A）和后足（B）

43 鄞县夏氏白蚁 *X. yinxianensis*

　　鄞县夏氏白蚁栖息于室内环境中，危害房屋建筑的木构件，在大梁、柱子内筑巢活动，通过该活动习性可与其他象白蚁亚科白蚁相区别。形态上，夏氏白蚁兵蚁鼻基两侧各具 1 个小突起，这也是区别于其他象白蚁的关键。该白蚁模式标本采集于浙江宁波鄞州区。本图鉴中标本采集于浙江宁波天童寺，仅发现小兵蚁品级。

　　小兵蚁头部： 头黄褐色，象鼻赤褐色，额腺管可见，头部近裸，鼻端部具短毛，头似宽梨形，中后部最宽，宽 1.14～1.20mm，象鼻圆管状；后颏黄褐色、六边形，前端最狭；侧面观象鼻稍斜翘起，头顶部稍隆起，头高连后颏 0.85～0.94mm（见图 5-222）。

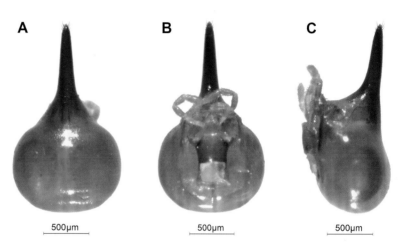

图 5-222　小兵蚁头部
A. 背面观；B. 腹面观及后颏；C. 侧面观

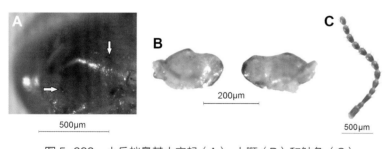

图 5-223　小兵蚁鼻基小突起（A）、上颚（B）和触角（C）

　　小兵蚁鼻基部两侧各具 1 个小突起；上颚黄色，端齿圆钝或明显；触角黄褐色，13 节，第 3 节最长，长于第 2 节、第 4 节，第 2 节、第 4 节略等长（见图 5-223）。

　　小兵蚁胸部： 前胸背板淡黄褐色、马鞍形，前部淡赤褐色、翘起，前、后缘中央凹切不明显，宽 0.58～0.61mm，中长 0.24～0.26mm；后足淡黄色，胫节长 1.20～1.35mm，跗节 4 节（见图 5-224）。

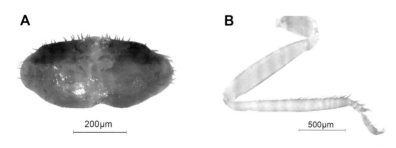

图 5-224　小兵蚁前胸背板（A）和后足（B）

十五、华象白蚁属 *Sinonasutitermes*

华象白蚁属由李桂祥和平正明（1986）建立，模式种为二型华象白蚁 *Sinonasutitermes dimorphus*，该属分布于东洋区。全世界 11 种，均分布于中国，主要在福建、广东、广西、海南、浙江、贵州、湖南等南方各地。从地理分布上可以看出，该属白蚁喜欢在温度较高的地区活动。在浙江，华象白蚁也仅在靠近福建的南部山区有分布。华象白蚁常栖息于湿润、腐朽的硬阔原木中（见图 5-225）。该属兵蚁体形较象白蚁大，头棕黄色，巢群中白蚁数量往往较多，明显有二型或以上的兵蚁。

图 5-225　华象白蚁生境

形态上，兵蚁二型或三型，**大兵蚁**头黄色，象鼻黄色带褐色，头部、胸部几无毛，头宽明显大于长，头宽圆形，后缘宽圆形，触角 13 节，第 3 节最长，上颚具极小尖刺，前胸背板马鞍形，前叶直立。**成虫**头近圆形，囟卵形，前端有分叉，复眼突出，左上颚端齿明显大于第 1 缘齿，触角 15 节，前胸背板前缘平直，胫节距式 2∶2∶2。**大工蚁**头橙黄色，具淡色 T 形缝，近圆形，长稍大于宽，左上颚端齿明显大于第 1 缘齿，触角 14 节，第 3 节最长，第 4 节最短。

本图鉴记录 1 种华象白蚁，为夏氏华象白蚁。

44 夏氏华象白蚁 *S. xiai*

夏氏华象白蚁常在湿润的硬阔树种的腐烂原木中栖息活动。巢群内具二型兵蚁（见图5-226）和二型工蚁，且数量众多。该白蚁模式标本采集于江西婺源，由平正明等（1991）定名，目前在浙江、福建、江西有分布。本图鉴中夏氏华象白蚁采集于浙江龙泉硬阔树种原木内。

图 5-226　夏氏华象白蚁大兵蚁（a）和小兵蚁（b）

大兵蚁

　　头、触角棕黄色；鼻带红色；胸、腹部及足淡灰黄色；头近光裸，鼻端具少数毛；体长不连触角4.78～4.91mm（见图5-227）。

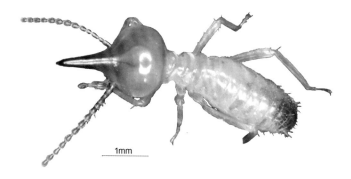

1mm

图 5-227　大兵蚁整体背面观

　　大兵蚁头部：头棕黄色，端部色较深，扁圆，宽大于长，两侧突圆，最宽处位于头中部，宽 1.31～1.38mm，头长至鼻端 2.18～2.23mm，鼻红棕色，粗圆锥状，鼻短于头，鼻长 0.89～0.94mm；后颏色同头壳，六边形，最狭处位于前端，两侧中央稍凹入；侧面观鼻平伸向前，端部低于头顶，鼻基平，鼻夹角约 105°（见图 5-228）。

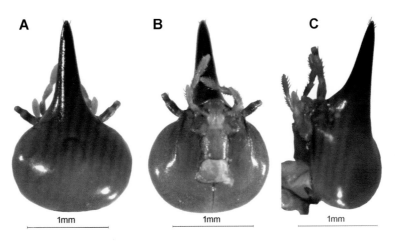

图 5-228　大兵蚁头部
A. 背面观；B. 腹面观及后颏；C. 侧面观

　　大兵蚁上颚端刺短小；触角棕黄色，13 节，第 2 节最短，第 3 节约 2 倍长于第 2 节，第 4 节略长于第 2 节（见图 5-229）。

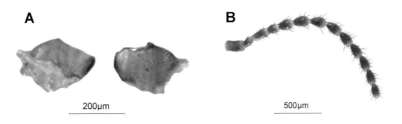

图 5-229　大兵蚁上颚（A）和触角（B）

　　大兵蚁胸部：前胸背板淡棕色，前部色深，骨化程度高，前、后缘近平直，最宽 0.53～0.59mm，长 0.23～0.24mm；后足淡黄色、细长，胫节长 1.59～1.66mm（见图 5-230）。

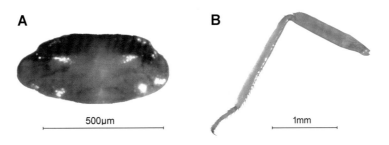

图 5-230　大兵蚁前胸背板（A）和后足（B）

小兵蚁

　　体色、毛序与大兵蚁近似，但体形较小，头部较细长，头后部色较大兵蚁浅；体长不连触角 4.14~4.24mm（见图 5-231）。

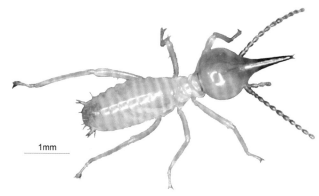

　　小兵蚁头部：头棕黄色、近圆形，宽大于长，最宽 1.04~1.16mm，头长至鼻端

A　　　　　　**B**　　　　　　**C**

图 5-231　小兵蚁整体背面观

1.87~2.04mm；后颏色同头壳，六边形，最狭处位于前端，两侧中央稍凹入；侧面观鼻稍翘，端部稍低于头顶，鼻圆锥状，基部浅凹，向头顶缓升起，鼻长 0.78~0.90mm（见图 5-232）。

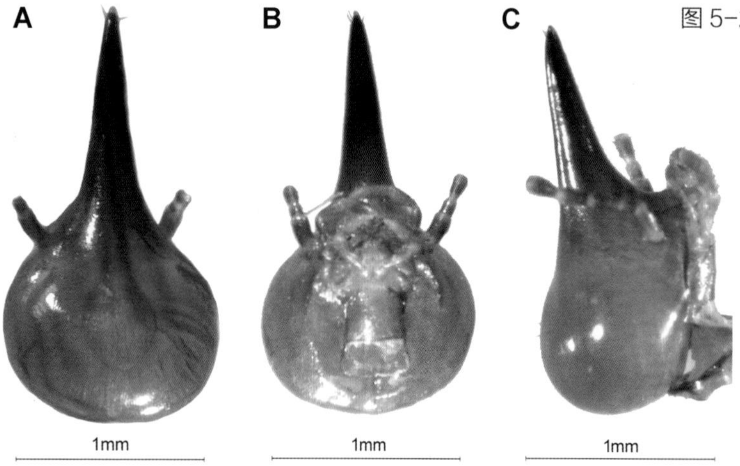

　　小兵蚁上颚具短端刺；触角棕黄色，12 节，第 2 节最短，第 3 节约 1.5 倍长于第 2 节，第 4 节较第 3 节粗而短（见图 5-233）。

图 5-232　小兵蚁头部
A. 背面观；B. 腹面观及后颏；C. 侧面观

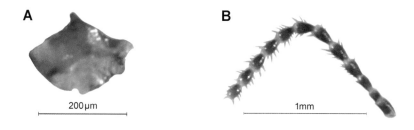

A　　　　　　　　　　　**B**

图 5-233　小兵蚁左上颚（A）和触角（B）

　　小兵蚁胸部：前胸背板淡棕色，前部色深、骨化程度高、直立，前部大于后部，前、后缘近平直，最宽 0.45~0.52mm，长 0.21~0.24mm；后足淡黄色、细长，胫节长 1.35~1.58mm（见图 5-234）。

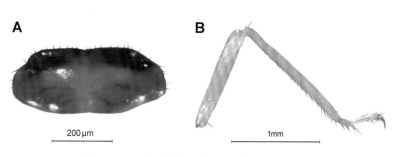

A　　　　　　　　　　**B**

图 5-234　小兵蚁前胸背板（A）和后足（B）

大工蚁

头橙黄色，胸、腹部白色偏黄，头壳具稀疏长毛，腹部密被细毛，体长不连触角 4.21～4.29mm（见图 5-235）。

图 5-235　大工蚁整体背面观

大工蚁头部：头顶橙黄色，具淡色 T 形缝，近圆形，两侧平行，后方略合拢，后缘弓形，长稍大于宽，头长至上唇尖 1.76～1.81mm，头宽 1.48～1.53mm；后颏乳白色，呈前窄后宽的长梯形；额侧面平坦，后唇基部隆起（见图 5-236）。

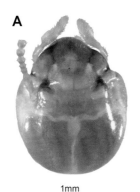

图 5-236　大工蚁头部
A. 背面观；B. 腹面观及后颏；C. 侧面观

大工蚁上唇淡黄色、稍透明、呈半圆状，背面微隆起，具稀疏长毛；上颚端部红褐色，往基部色渐浅，为淡黄色，左上颚端齿大于第 1 缘齿，且均较尖锐；触角淡黄色，14 节，第 4 节最短，第 2 节、第 3 节等长（见图 5-237）。

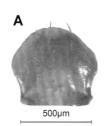
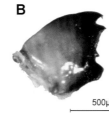
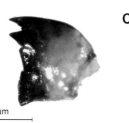

图 5-237　大工蚁上唇（A）、上颚（B）和触角（C）

大工蚁胸部：前胸背板淡黄色，前部直立，稍大于后部，前缘中央微凹入，后缘平直，前胸背板宽 0.78～0.81mm，长 0.36～0.38mm；后足淡黄色、透明、细长，胫节长 1.53～1.61mm（见图 5-238）。

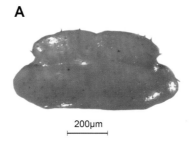
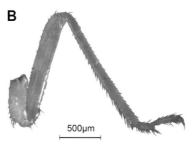

图 5-238　大工蚁前胸背板（A）和后足（B）

十六、奇象白蚁属 *Mironasutitermes*

奇象白蚁属由高道蓉和何秀松（1990）建立，共计 11 种。模式标本为异齿奇象白蚁 *Mironasutitermes heterodon*，仅分布于中国。有学者认为，奇象白蚁属是象白蚁属的异名，应该把其并入象白蚁属中。但本图鉴认为，奇象白蚁和象白蚁在兵蚁头部形态和颜色上存在明显不同，仍应将两者分为两个属。

从野外采集情况看，奇象白蚁喜欢栖息于湿润的阔叶树种的枯枝、枯树干中，而从枯枝或枯树干的表面往往看不出有白蚁活动，枯树干或树干表皮完整，但当折断枯树干时，内部有较多白蚁（见图 5-239）。

图 5-239　奇象白蚁生境
A. 阔叶枯树干；B. 白蚁从树枝孔中爬出；C. 枯木内大量奇象白蚁；D. 兵蚁

奇象白蚁的兵蚁体形比象白蚁大，头宽圆形，与华象白蚁相似，但兵蚁和大工蚁头颜色较深，呈栗褐色。奇象白蚁群体往往数量较多，巢内可见二型或三型兵蚁，以及二型或三型工蚁。在浙江，该属白蚁有翅成虫在 5—6 月分飞。

　　形态上，兵蚁二型或三型，**大兵蚁**头部褐色，杂有黄色，头背面观近宽圆形，最宽处位于中部或略偏后，后缘中央略凹入，侧面观头背缘后部显著隆起，鼻端略翘，中部较低，上颚具锐齿，触角较长，13～14节，以13节居多，第3节最长。**成虫**体深褐色，头近圆形，两复眼突出处为头最宽处，前胸背板近梯形，前缘中央凹入明显，后缘中央浅凹入，胫节距式2：2：2。**大工蚁**头深黄褐色，背面具淡色T形缝，触角窝下方近黄色，前胸背板前叶近头色，足黄色；头宽圆形，最宽处位于近前部（颚基处），囟位于T形缝交叉点之后；前胸背板马鞍形，触角14节（少数15节）。

　　本图鉴记录3种奇象白蚁，分别为异齿奇象白蚁、龙王山奇象白蚁和天目奇象白蚁。三种奇象白蚁的区别主要体现在（见图5-240）：兵蚁型态数，以及大兵蚁的头宽、头长连象鼻、触角节数、后足胫节长。

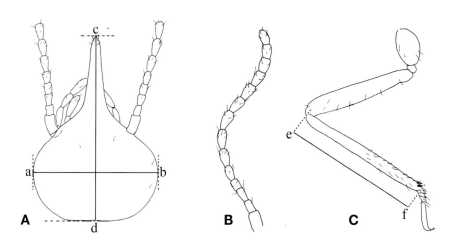

图 5-240　奇象白蚁属大兵蚁部分形态及测量法（潘程远绘）
A. 头背面观；B. 触角；C. 后足
ab. 头宽；cd. 头长连象鼻；ef. 后足胫节长

45 异齿奇象白蚁 *M. heterodon*

异齿奇象白蚁多见于湿润、腐朽的软阔叶树种的枝条、枝干中。该白蚁巢内可见三型兵蚁（见图 5-241）和三型工蚁，野外群体较大。异齿奇象白蚁模式标本发现于浙江天目山国家级自然保护区。本图鉴中标本采集于浙江龙泉，在浙江乌岩岭国家级自然保护区也有发现。

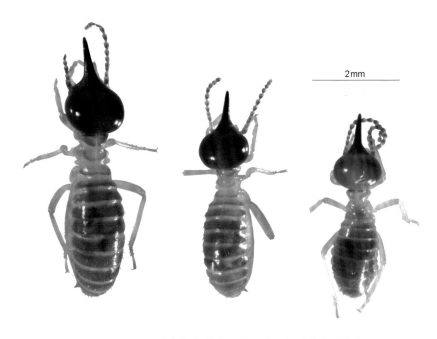

图 5-241　异齿奇象白蚁大、中、小兵蚁（从左到右）

大兵蚁

头褐色，鼻深褐色，触角黄褐色，胸部背板及腹部背板黄褐色，足淡黄色，腹部橄榄形，头部毛甚少，鼻端部毛稍多，前胸背板周缘具少许短毛，体长不连触角 6.15～6.29mm（见图 5-242）。

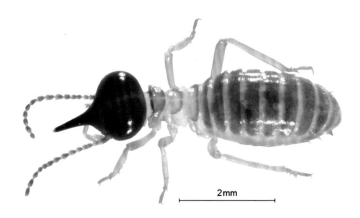

图 5-242　大兵蚁整体背面观

大兵蚁头部：头近似宽圆形，中部稍后处最宽，宽稍大于长，宽 1.31～1.41mm，头长至鼻端 2.05～2.24mm，后缘中央凹入；后颏褐色、六边形，前端最狭；侧面观头背缘的后部显著隆起，中部较低，鼻基部略隆起，鼻端翘（见图 5-243）。

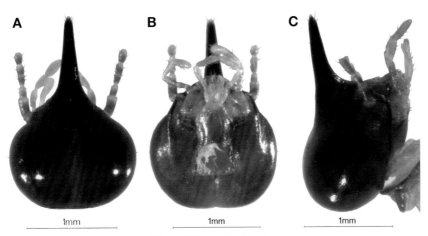

图 5-243　大兵蚁头部
A. 背面观；B. 腹面观及后颏；C. 侧面观

大兵蚁上颚齿明显；触角 13 节居多，偶有 14 节，13 节者，第 2 节细并稍短于第 4 节，长约为第 3 节之半，14 节者，第 2 节最短，第 4 节稍长于第 2 节，第 3 节长为第 2 节的 1.5 倍（标本 14 节）（见图 5-244）。

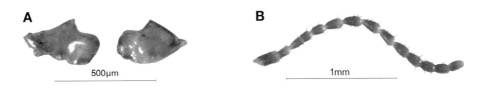

图 5-244　大兵蚁上颚（A）和触角（B）

大兵蚁胸部：前胸背板前叶深褐色、马鞍形，后叶稍浅，前叶直立，前缘中央具切刻，后缘中央切刻不明显，前胸背板宽 0.70～0.78mm，长 0.32～0.34mm；后足淡黄色、较长，胫节长 1.50～1.65mm（见图 5-245）。

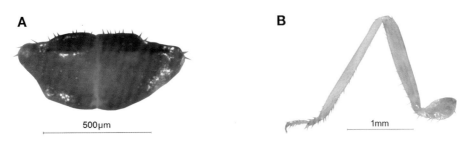

图 5-245　大兵蚁前胸背板（A）和后足（B）

中兵蚁

头褐黄色，鼻赤褐色，触角浅于头色，胸及腹部背板黄褐色，足淡黄色，体形明显小于大兵蚁，头色稍淡于大兵蚁，毛序同大兵蚁，体长不连触角4.70～7.81mm（见图5-246）。

图5-246　中兵蚁整体背面观

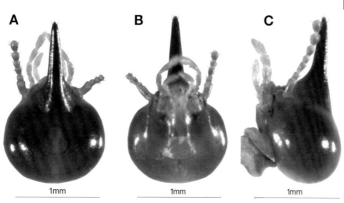

图5-247　中兵蚁头部
A. 背面观；B. 腹面观及后颏；C. 侧面观

中兵蚁头部： 头扁圆形，近中部最宽，头宽1.11～1.20mm，头长至鼻端1.85～1.90mm；后颏褐色、六边形，前端最狭，两侧中央微凹入；侧面观头部背缘的后部稍隆起，鼻端略翘，中部较低，鼻基微隆，鼻圆锥形（见图5-247）。

中兵蚁上颚齿不显；触角黄褐色，13节，第2节稍短于第4节，更短于第3节（见图5-248）。

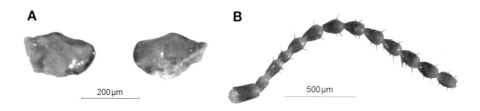

图5-248　中兵蚁上颚（A）和触角（B）

中兵蚁胸部： 前胸背板前叶淡赤褐色，后叶浅黄色，前叶前段色深，稍大于后段，马鞍形，前、后缘中央切刻均不显，前胸背板宽0.52～0.68mm，长0.21～0.23mm；后足淡黄色，胫节长1.25～1.32mm（见图5-249）。

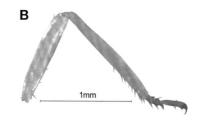

图5-249　中兵蚁前胸背板（A）和后足（B）

小兵蚁

头部浅褐黄色，鼻浅赤褐色，触角稍浅于头色，胸及腹部背板淡黄褐色，足淡黄色，体形稍小于中兵蚁，头色明显淡于大兵蚁，毛序似中、大兵蚁，体长不连触角4.65~4.71mm（见图5-250）。

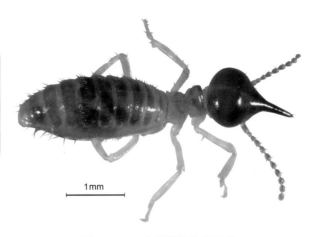

图 5-250　小兵蚁整体背面观

小兵蚁头部：头宽圆形，中部偏后最宽，头最宽1.02~1.05mm，头长至鼻端

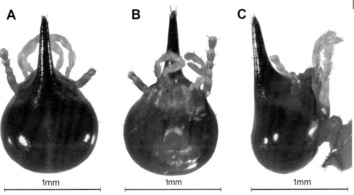

图 5-251　小兵蚁头部
A. 背面观；B. 腹面观及后颏；C. 侧面观

1.72~1.75mm；后颏褐色、六边形，前端最狭，两侧中央微凹入；侧面观头背缘的后部隆起，鼻端略翘，中部较低，鼻基微隆，鼻圆锥形、较细（见图5-251）。

小兵蚁上颚齿缺或不明显；触角淡黄褐色，12节，第3节长，几等于柄节，第2节略短于第4节，长约为第3节之半（见图5-252）。

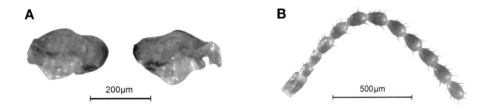

图 5-252　小兵蚁上颚（A）和触角（B）

小兵蚁胸部：前胸背板前叶近头色，后叶色稍淡，马鞍形，前、后缘中央切刻不明显，前胸背板宽0.50~0.53mm，长0.21~0.22mm；后足淡黄色，胫节长1.25~1.29mm（见图5-253）。

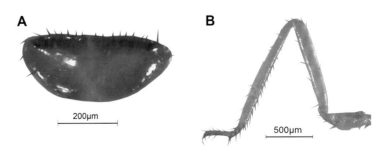

图 5-253　小兵蚁前胸背板（A）和后足（B）

155

大工蚁

　　头深黄褐色；前胸背板淡黄色；触角淡褐黄色；中、后胸背板浅黄色；腹部背面淡黄色，杂以黑色；足淡黄色；体长不连触角6.18～6.25mm（见图5-254）。

图5-254　大工蚁整体背面观

　　大工蚁头部：头顶深黄褐色，具淡色T形缝，头近圆形，长稍大于宽，头长至上唇尖1.50～1.55mm，最宽处在中部之前，向后渐窄，后缘圆弧状，头宽1.24～1.34mm，囟位于T形缝交叉点之后；后颏淡黄白色，呈前窄后宽的长梯形；额部向前下方倾斜，后唇基隆起，宽约为长之3倍（见图5-255）。

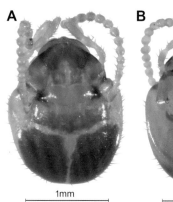

图5-255　大工蚁头部
A.背面观；B.腹面观及后颏；C.侧面观

　　大工蚁上唇淡黄色、稍透明、呈半圆状，后端两侧凹入，背面微隆起，具稀疏长毛；左、右上颚端齿的后缘与第1缘齿的前缘近等长，右上颚第1缘齿的后缘，常短于第2缘齿的后缘；触角14～15节，以14节居多，14节者，第4节最短，15节者，第3节最短（见图5-256）。

　　大工蚁胸部：前胸背板马鞍形，前部大而竖立，前胸背板宽0.76～0.85mm，长0.28～0.33mm；后足淡黄色，胫节长1.40～1.45mm（见图5-257）。

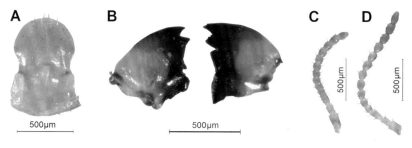

图5-256　大工蚁上唇（A）、上颚（B）、14节触角（C）和15节触角（D）

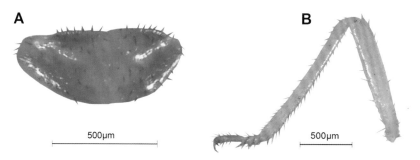

图5-257　大工蚁前胸背板（A）和后足（B）

46 龙王山奇象白蚁 *M. longwangshanensis*

龙王山奇象白蚁栖息环境与异齿奇象白蚁相似，喜在湿润、腐朽的软阔叶树枝、树干中取食活动。该白蚁巢群内可见二型兵蚁和二型工蚁，野外可见较大群体。龙王山奇象白蚁模式标本发现于浙江安吉小鲵国家级自然保护区，本图鉴中标本同样采集于该保护区，并在浙江古田山国家级自然保护区也有发现（见图5-258）。

图 5-258　龙王山奇象白蚁大兵蚁和大工蚁

大兵蚁

头褐色，与近鼻端1/3处同色，近基部的2/3较深；触角黄褐色；前胸背板前叶深褐色；胸、腹部背板黄褐色；足淡黄色；头被毛稀疏；鼻端部毛较多；前胸背板周缘有些短毛；腹部长椭圆形；体长不连触角 4.74～4.79mm（见图5-259）。

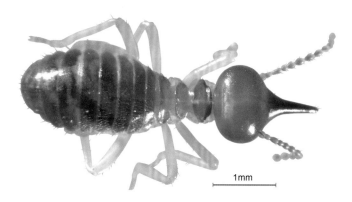

1mm

图 5-259　大兵蚁整体背面观

大兵蚁头部： 头近扁圆形，中部稍后最宽，后缘中央稍内凹，头最宽 1.19～1.29mm，头长至鼻端 1.91～2.06mm；后颏褐色、六边形，前端最狭；侧面观头背缘后部稍隆，中部低而鼻基微隆，鼻斜上翘（见图 5-260）。

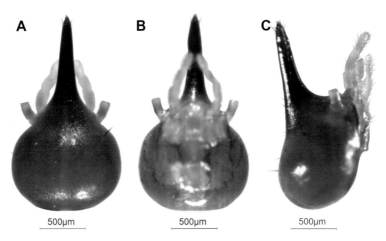

图 5-260　大兵蚁头部
A. 背面观；B. 腹面观及后颏；C. 侧面观

大兵蚁上颚齿较明显；触角 13～14 节，13 节者，第 2 节最细短，第 4 节稍长于第 2 节，第 3 节长约为第 2 节、第 4 节长之和，14 节者，第 4 节稍短于第 2 节，第 3 节长不及第 2 节、第 4 节长之和（见图 5-261）。

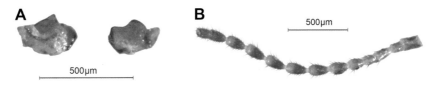

图 5-261　大兵蚁上颚（A）和触角（B）

大兵蚁胸部： 前胸背板前叶深褐色，后叶近头色，马鞍形，前缘中切明显，后缘中切不显，前胸背板宽 0.65～0.74mm，长 0.30～0.34mm；后足淡黄色、较长，胫节长 1.32～1.52mm（见图 5-262）。

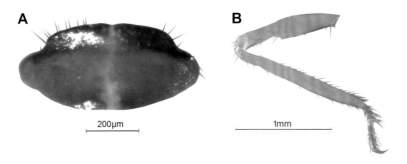

图 5-262　大兵蚁前胸背板（A）和后足（B）

小兵蚁

头浅褐黄色，近触角窝稍浅；鼻浅赤褐色；触角同头色；前胸背板前叶浅赤褐色，后叶近头色；胸背板淡黄褐色；腹背板黄褐色；足淡黄色；体形稍小于大兵蚁；头后部色稍浅于大兵蚁头后部色；毛序近似大兵蚁；体长不连触角 4.67 ～ 4.76mm（见图 5-263）。

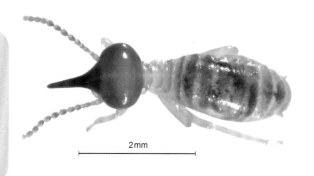

图 5-263　小兵蚁整体背面观

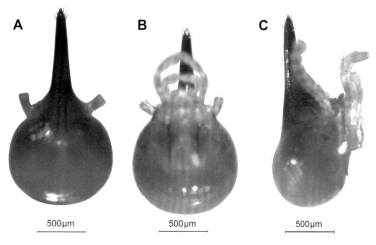

图 5-264　小兵蚁头部
A. 背面观；B. 腹面观及后颏；C. 侧面观

小兵蚁头部： 头宽圆形，中后部最宽，头宽 1.05 ～ 1.11mm，头长至鼻端 1.65 ～ 1.81mm，后缘宽弧形；后颏淡褐色、六边形，前端最狭，侧面观头背缘后部隆起，鼻基微隆，鼻端略翘，鼻圆锥形（见图 5-264）。

小兵蚁上颚齿不显；触角 13 节，第 2 节、第 4 节几等长，或第 2 节稍长于第 4 节（见图 5-265）。

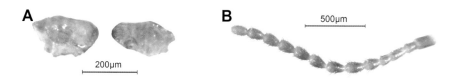

图 5-265　小兵蚁上颚（A）和触角（B）

小兵蚁胸部： 前胸背板前叶浅赤褐色、稍直立，后叶近头色，马鞍形，后缘中切不显，前胸背板宽 0.52 ～ 0.56mm，长 0.23 ～ 0.25mm；后足淡黄色，胫节长 1.06 ～ 1.15mm（见图 5-266）。

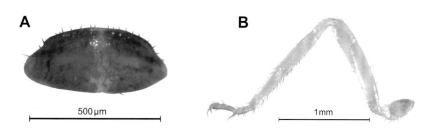

图 5-266　小兵蚁前胸背板（A）和后足（B）

大工蚁

头深褐色，T形缝色淡；触角黄色；前胸背板浅于头色，中、后胸背板色近于前胸、浅黄褐色；足淡黄色；腹部橄榄形，背面淡黄褐色，杂以黑色；体长不连触角4.98~5.12mm（见图5-267）。

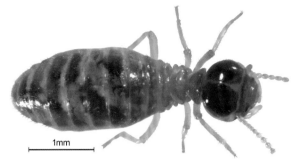

图5-267 大工蚁整体背面观

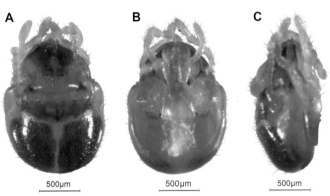

图5-268 大工蚁头部
A. 背面观；B. 腹面观及后颏；C. 侧面观

大工蚁头部：头顶深褐色，具淡色T形缝，近圆形，头长至上唇尖稍大于头宽，中部稍前处最宽，头宽1.16~1.25mm，头长至上唇尖1.40~1.50mm；后颏淡黄白色，呈前窄后宽的长梯形；侧面观头顶隆起，后唇基隆起显著（见图5-268）。

大工蚁上唇淡黄色、稍透明、呈半圆状，后端两侧凹入，背面微隆起，具稀疏长毛；上颚端部赤褐色，往后色渐浅，为淡黄色，左上颚端齿后缘与第1缘齿前缘几等长或略短，右上颚端齿稍长于第1缘齿前缘而短于其后缘；触角14节，第4节最短，第2节和第4节几等长（见图5-269）。

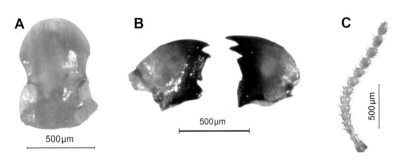

图5-269 大工蚁上唇（A）、上颚（B）和触角（C）

大工蚁胸部：前胸背板前叶淡褐色，后叶淡黄色，马鞍形，前部大而直立，前缘中切明显，前胸背板宽0.70~0.80mm，长0.27~0.30mm；后足淡黄色，胫节长1.42~1.46mm（见图5-270）。

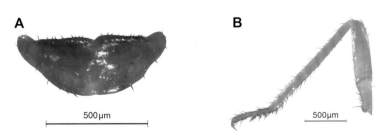

图5-270 大工蚁前胸背板（A）和后足（B）

47 天目奇象白蚁 *M. tianmuensis*

天目奇象白蚁取食腐朽的软阔树种的枯枝、枯树干，野外群体较大，巢内可见二型兵蚁和二型工蚁（见图5-271）。天目奇象白蚁模式标本采集于浙江天目山国家级自然保护区，本图鉴中标本采集于浙江临安太湖源软阔腐木枯枝内。

图 5-271 天目奇象白蚁各品级
a. 大兵蚁；b. 小兵蚁；c. 大工蚁；d. 小工蚁

大兵蚁

　　头褐色，鼻赤褐色，触角黄褐色，胸周缘及腹部背板黄褐色，足淡黄色，腹部橄榄形，头被毛甚少，鼻端具少数短毛，体长不连触角4.00～4.30mm（见图5-272）。

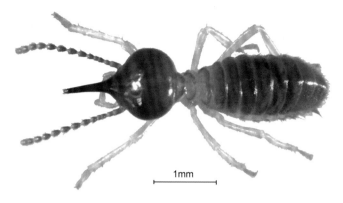

图5-272　大兵蚁整体背面观

　　大兵蚁头部： 头宽圆形，触角窝向后扩展，中部最宽，后缘中央略凹，头宽1.05～1.11mm，头长至鼻尖1.85～1.94mm；后颏淡黄褐色、六边形，前端最狭，两侧中央稍凹入；侧面观头背缘后部甚隆起，中央较低，鼻上翘、较长、圆柱形，基部略隆（见图5-273）。

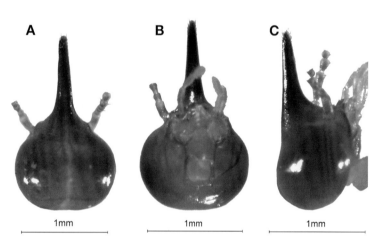

　　大兵蚁上颚齿明显；触角13节，第3节最长，第2节稍长于第4节（见图5-274）。

　　大兵蚁胸部： 前胸背板马鞍形，前叶淡赤褐色、直立，前叶略短于后叶，前、后缘中央无凹刻，前胸背板宽0.55～0.64mm，长0.21～0.23mm；后足淡黄色，胫节长1.15～1.31mm（见图5-275）。

图5-273　大兵蚁头部
A. 背面观；B. 腹面观及后颏；C. 侧面观

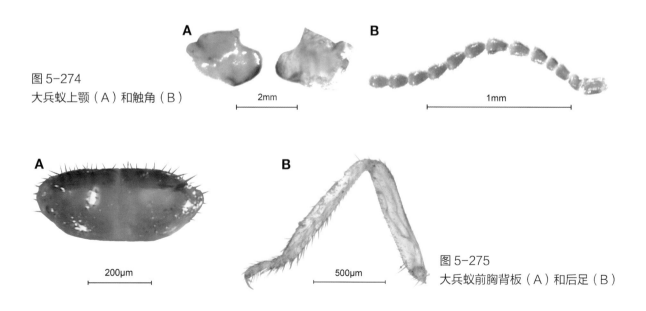

图5-274
大兵蚁上颚（A）和触角（B）

图5-275
大兵蚁前胸背板（A）和后足（B）

小兵蚁

　　头淡褐色，鼻赤褐色，触角黄褐色，胸周缘及腹部背板黄褐色，足淡黄色，腹部橄榄形，头被毛甚少，鼻端具少数短毛，体形小于大兵蚁，整体色浅于大兵蚁，体长不连触角 3.15～3.32mm（见图 5-276）。

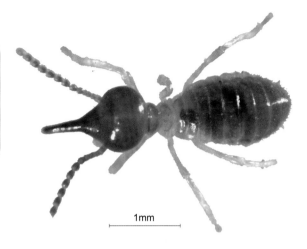

图 5-276　小兵蚁整体背面观

　　小兵蚁头部：头近似圆形，后缘中央微凹，最宽处位于头中段，宽为 0.93～0.98mm，头长至鼻尖 1.70～1.80mm；后颏淡黄色、六边形，前端最狭，两侧中央稍凹入；侧面观头背缘后部隆起，中部较低，鼻上翘、圆柱形、较长，基部微隆起（见图 5-277）。

　　小兵蚁上颚齿不明显；触角 13 节，第 2 节、第 4 节几相等，第 3 节甚长于第 2 节（见图 5-278）。

　　小兵蚁胸部：前胸背板前叶色较深、黄褐色、马鞍形，前胸背板宽 0.48～0.51mm，长 0.17～0.19mm；后足淡黄色，胫节长 0.96～1.12mm（见图 5-279）。

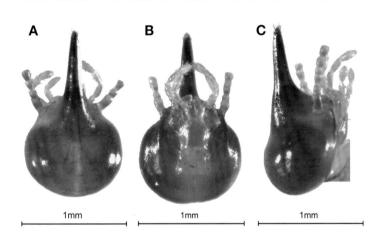

图 5-277　小兵蚁头部

A. 背面观；B. 腹面观及后颏；C. 侧面观

图 5-278　小兵蚁上颚（A）和触角（B）

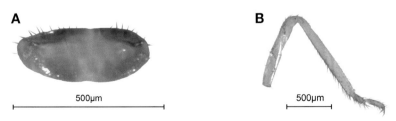

图 5-279　小兵蚁前胸背板（A）和后足（B）

成虫

　　头棕褐色；胸部赤褐色；腹部棕褐色、偏黑；触角及胸足黄褐色；成虫体密布褐色毛；雌成虫体形显著大于雄成虫，雌成虫体长不连触角 6.69～6.83mm，雄成虫体长不连触角 4.95～5.12mm（见图5-280）。

图5-280　雌成虫（上）和雄成虫（下）

　　雄成虫头部：头近圆形，两复眼突出处为头最宽处，头宽 1.48～1.53mm，头长至上唇尖 1.49～1.52mm；复眼黑色、近圆形，直径 0.42mm，单眼白色、透明、长椭圆形，长径 0.19mm，短径 0.15mm，单复眼间距 0.06mm；囟位于头顶两单眼中间，微凹入，囟孔后有一浅色纵短纹；后颏褐色、粗短；侧面观头弧形，头顶微隆，后唇基部稍隆起（见图5-281）。

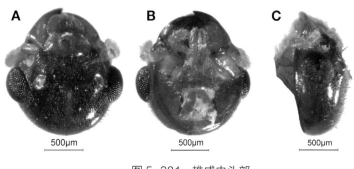

图5-281　雄成虫头部
A. 背面观；B. 腹面观及后颏；C. 侧面观

　　雄成虫触角黄褐色，第2节、第4节等长，第3节稍长（标本触角破损）；上颚端部赤褐色，往后色渐淡至褐黄色，左、右上颚端齿及其后缘齿相似，左上颚中部稍后处具1枚小缘齿，之后为1枚宽钝齿（见图5-282）。

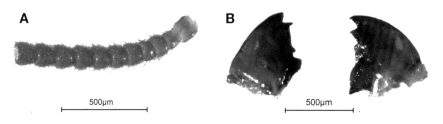

图5-282　雄成虫触角（A）和上颚（B）

　　雄成虫胸部：前胸背板赤褐色、近梯形，前缘中央凹入明显，后缘中央浅凹入，两侧从上而下弧形变窄，前胸背板宽 1.26～1.31mm，长 0.73～0.78mm；胸足黄色，胫节距式 2：2：2，后足胫节长 2.01～2.15mm（见图5-283）。

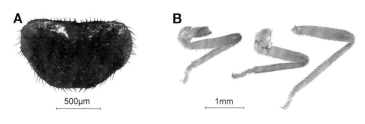

图5-283　雄成虫前胸背板（A）和胸足
（B，从左到右分别为前、中、后足）

大工蚁

头黄褐色，淡色 T 形缝可见，触角淡黄褐色，中、后胸及腹部背板均为淡黄色、偏白，足淡黄色，体长不连触角 4.75～4.85mm（见图 5-284）。

图 5-284 大工蚁整体背面观

大工蚁头部：头近圆形，两侧略平直，最宽处近触角窝，向后渐窄，后缘宽弧形，头宽 1.10～1.12mm，头长至上唇尖 1.26～1.35mm；后颏淡黄白色，呈前窄后宽的长梯形；头顶隆起，后唇基隆起（见图 5-285）。

大工蚁上唇淡黄色、稍透明、呈半圆状，后端两侧凹入，背面微隆起，具稀疏长毛；上颚缘齿赤褐色，左上颚端齿的后缘约等于第 1 缘齿的前缘，右上颚第 1 缘齿的后缘略长于端齿的后缘，短于第 2 缘齿的后缘；触角淡黄褐色，14 节，第 4 节最短（见图 5-286）。

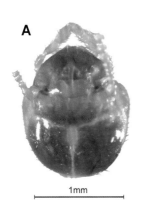

图 5-285 大工蚁头部
A. 背面观；B. 腹面观及后颏；C. 侧面观

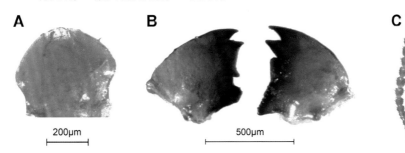

图 5-286 大工蚁上唇（A）、上颚（B）和触角（C）

大工蚁胸部：前胸背板淡黄色、马鞍形，前叶直立，稍宽于后叶，前缘中央凹刻明显，宽 0.62～0.64mm，长 0.26～0.28mm；后足淡黄色、透明，胫节长 1.15～1.23mm（见图 5-287）。

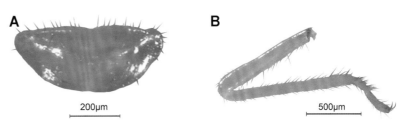

图 5-287 大工蚁前胸背板（A）和后足（B）

参考文献

蔡邦华，黄复生，李桂祥，1977. 中国的散白蚁属及新亚属新种. 昆虫学报，20(4): 465–475.

陈亭旭，2016. 贵州白蚁分类研究（昆虫纲：蜚蠊目：等翅下目）. 贵阳：贵州大学.

程冬保，阮冠华，宋晓钢，2014. 中国白蚁种类调查研究进展. 中华卫生杀虫药械，20(2): 186-190.

董兆梁，1986. 衢州市白蚁种类及分布情况调查. 白蚁科技，4(2): 28-29.

范树德，1983. 江西象蚁亚科的新属新种（等翅目）// 中国科学院上海昆史研究所. 昆虫学研究集刊：第三集 1982—1983. 上海：上海科学技术出版社：205-211.

范树德，1988. 浙江土蚁属一新种（等翅目：蚁科）// 中国科学院上海昆史研究所. 昆虫学研究集刊：第七集 1987. 上海：上海科学技术出版社：165-168.

高道蓉，1988a. 中国天目山钝颚蚁属（*Ahmaditermes*）二新种. 白蚁科技，5(2): 9-15.

高道蓉，1988b. 中国龙王山奇象白蚁蚁属一新种. 白蚁科技，5(4): 8-12.

高道蓉，1989. 华扭蚁属（*Sinocapritermes*）一新种（等翅目：蚁科）. 白蚁科技，6(2): 1-5.

高道蓉，郭建强，1995. 象白蚁属一新种（等翅目：白蚁科，象白蚁亚科）. 动物分类学报，20(2): 207-210.

高道蓉，何秀松，1990. 中国象蚁科一新属三新种 // 中国科学院上海昆史研究所. 昆虫学研究集刊：第八集 1988. 上海：上海科学技术出版社：179-188.

高道蓉，朱本忠，1986. 土白蚁属一新种（等翅目：白蚁科，大白蚁亚科）. 动物分类学报，11(1): 97-99.

高四维，1997. 杭州地区白蚁种类. 白蚁科技，14(1): 13-16.

何秀松，高道蓉，1994. 中国象蚁亚科危害建筑物的一新属（等翅目：蚁科）// 中国科学院上海昆史研究所. 昆虫学研究集刊：第十一集 1992—1993. 上海：上海科学技术出版社：119-126.

何秀松，夏凯龄，1983. 浙江省蚁类两新种记述（等翅目：木蚁科及蚁科）// 中国科学院上海昆史研究所. 昆虫学研究集刊：第三集 1982—1983. 上海：上海科学技术出版社：185-192.

黄复生，朱世模，李桂祥，1988. 白蚁的外部形态和分类系统. 动物学研究，9(3): 301-307.

黄复生，朱世模，平正明，等，2000. 中国动物志 昆虫纲 第十七卷 等翅目. 北京：科学出版社.

李桂祥，黄复生，1986. 福建省白蚁八新种描述（等翅目）. 武夷科学，6: 21-33.

李桂祥，马兴国，1983. 近歪白蚁属一新种和新纪录（等翅目：白蚁科：白蚁亚科）. 昆虫学报，26(3): 331-333.

李桂祥，平正明，1986. 中国象白蚁亚科华象白蚁新属及三新种（等翅目：白蚁科）. 动物学研究，7(2): 89-98.

李参，1979. 浙江省白蚁种类调查及三个新种描述. 浙江农业大学学报，5(1): 63-72.

李参，1982. 山林原白蚁栖居地及各品级记述. 昆虫学报，25(3): 311-314.

林树青，1987. 浙江省白蚁防治技术发展概述. 白蚁科技，4(1): 5-9.

平正明，忻争平，1993. 天童山钝象螱属一新种. 白蚁科技，10(3): 1-2.

平正明，徐月莉，1986. 中国钩扭螱属、马扭螱属和华扭螱新属白蚁记述（等翅目：螱科）. 武夷科学，6: 1-20.

平正明，徐月莉，董兆梁，1994. 浙江省等翅目两新种（等翅目：白蚁科）. 动物分类学报，19(1): 108-112.

平正明，徐月莉，黄熙盛，1991. 中国华象白蚁属的分类（等翅目：白蚁科：象白蚁亚科）. 白蚁科技，8(3): 1-16.

平正明，徐月莉，李参，1982. 散白蚁属的两新种（等翅目：鼻白蚁科）. 动物分类学报，7(4): 419-424.

任庆伟，黄海根，2000. 金华市白蚁（等翅目）考察. 华东昆虫学报，9(1): 20-23.

宋立，2015. 浙江白蚁. 杭州：浙江教育出版社.

宋晓钢，2002. 浙江等翅目昆虫（白蚁）考察. 浙江林学院学报，19(3): 288-291.

唐觉，李参，1959a. 杭州的白蚁. 昆虫知识，5(9): 277-280.

唐觉，李参，1959b. 杭州的白蚁. 昆虫知识，5(10): 318-320.

夏凯龄，范树德，1965. 中国网螱属记述（等翅目，犀螱科）. 昆虫学报，14(4): 360-382.

周伯锦，徐月莉，1993. 浙江省象白蚁一新种. 白蚁科技，10(2): 6-7.

Chiu C I, Yang M M, Li H F, 2016. Redescription of the soil-feeding termite *Sinocapritermes mushae* (Isoptera: Termitidae: Termitinae): The first step of genus revision. *Annals of the Entomological Society of America*, 109 (1): 158–167.

Chouvenc T, Li H F, Austin J, et al, 2016. Revisiting *Coptotermes* (Isoptera: Rhinotermitidae): a global taxonomic road map for species validity and distribution of an economically important subterranean termite genus. *Systematic Entomology*, 41(2): 299–306.

Comstock J H, Comstock A B, 1895. A manual for the study of insects. Ithaca: Comstock Publishing Company.

Emerson A E, 1965. A review of the Mastotermitidae (Isoptera), including a new fossil genus from Brazil. *American Museum Novitates*, 2236: 1-46.

Engel M S, Grimaldi D A, Krishna K, 2009. Termites (Isoptera): their phylogeny, classification, and rise to Ecological Dominance. *American Museum Novitates*, 3650: 1-27.

Grassé P P, 1949. Ordre des isoptères ou termites // Grassé P P. Traité de zoologie. Paris: Masson et Cie: 1117.

Krishna K, Weesner F M, 1969. Biology of termites. United Kingdom: Academic Press.

Light S F, 1929. Present status of our knowledge of the termites of China. *Lingnan Science Journal*, 7: 581-600.

March A W, 1933. Observations of termites of east China. *Indian Journal of Eut*, 12(S): 157-163.

Snyder T E, 1949. Catalog of the termites (Isoptera) of the World. *Smithsonian Miscellaneous Collections*, 12: 1-490.

Xuan R Y, Dai Q F, He C, et al, 2021. Synonymy of soil-feeding termites *Pseudocapritermes sowerbyi* and *Pseudocapritermes largus*, with evidence from morphology and genetics. *Journal of Asia-Pacific Entomology*, 24: 421-428.

附　录
APPENDIXES

一、浙江白蚁种类名录

序号	学名	中文名
1	*Ahmaditermes foveafrons*	凹额钝颚白蚁
2	*Ahmaditermes pingnanensis*	屏南钝颚白蚁
3	*Ahmaditermes tianmuensis*	天目钝颚白蚁
4	*Ahmaditermes tiantongensis*	天童钝颚白蚁
5	*Coptotermes formosanus*	台湾乳白蚁
6	*Coptotermes suzhouensis*	苏州乳白蚁
7	*Cryptotermes pingyangensis*	平阳堆砂白蚁
8	*Euhamitermes zhejiangensis*	浙江亮白蚁
9	*Hodotermopsis sjöstedti*	山林原白蚁
10	*Incisitermes minor*	小楹白蚁
11	*Macrotermes barneyi*	黄翅大白蚁
12	*Macrotermes zhejiangensis*	浙江大白蚁
13	*Mironasutitermes heterodon*	异齿奇象白蚁
14	*Mironasutitermes longwangshanensis*	龙王山奇象白蚁
15	*Mironasutitermes tianmuensis*	天目奇象白蚁
16	*Nasutitermes gardneri*	尖鼻象白蚁
17	*Nasutitermes ovatus*	卵头象白蚁
18	*Nasutitermes parvonasutus*	小象白蚁
19	*Nasutitermes qingjiensis*	庆界象白蚁
20	*Nasutitermes tiantongensis*	天童象白蚁

序号	学名	中文名
21	*Odontotermes formosanus*	黑翅土白蚁
22	*Odontotermes fuyangensis*	富阳土白蚁
23	*Odontotermes pujiangensis*	浦江土白蚁
24	*Pericapritermes gutianensis*	古田近扭白蚁
25	*Pericapritermes nitobei*	新渡户近扭白蚁
26	*Pseudocapritermes largus*	大钩扭白蚁
27	*Pseudocapritermes sowerbyi*	圆囟钩扭白蚁
28	*Reticulitermes aculabialis*	尖唇散白蚁
29	*Reticulitermes affinis*	肖若散白蚁
30	*Reticulitermes chinensis*	黑胸散白蚁
31	*Reticulitermes citrinus*	柠黄散白蚁
32	*Reticulitermes curvatus*	弯颚散白蚁
33	*Reticulitermes dabieshanensis*	大别山散白蚁
34	*Reticulitermes flaviceps*	黄胸散白蚁
35	*Reticulitermes fukienensis*	花胸散白蚁
36	*Reticulitermes labralis*	圆唇散白蚁
37	*Reticulitermes leptomandibularis*	细颚散白蚁
38	*Reticulitermes luofunicus*	罗浮散白蚁
39	*Reticulitermes ovatilabrum*	卵唇散白蚁
40	*Reticulitermes parvus*	小散白蚁
41	*Reticulitermes periflaviceps*	近黄胸散白蚁
42	*Sinocapritermes mushae*	台湾华扭白蚁
43	*Sinocapritermes sinicus*	中国华扭白蚁
44	*Sinocapritermes tianmuensis*	天目华扭白蚁
45	*Sinonasutitermes xiai*	夏氏华象白蚁
46	*Xiaitermes tiantaiensis*	天台夏氏白蚁
47	*Xiaitermes yinxianensis*	鄞县夏氏白蚁

二、白蚁形态特征中英文对照

A

abdomen	腹部
abdominal segment	腹节
alate	有翅成虫
anal lobe	（翅）臀叶
anal vein	臀脉
anteclypeus	前唇基
antenna	触角
antennae	触角（复数）
antennal fossa	触角窝
anterior lobe	（前胸背板）前叶
anterior notal process	前背翅突
apical tooth	端齿，顶齿
arolia	（足）中垫（复数）
arolium	（足）中垫
asymmetrical mandibles	非对称型上颚
axillaries	（翅与胸的关节片）腋片
axillary cord	（翅基关节膜的后缘）腋索

B

basal suture	（翅）基缝
basisternum	（胸腹面）基腹片

C

cardo	（下颚）轴节
carton nest	纸质巢
caste	品级
cerci	尾须（复数）
cercus	尾须
cervical sclerites	（连接头与胸的膜质小骨片）颈片
cervix	颈
cibarium	（口器）食窦，食室
claw	爪
clypeus	唇基
colony	巢群，群体，蚁群
compound eye	复眼
condyle	（上颚的主连接点）髁突
costa	前缘脉
costal margin	（翅）前缘
coxa	（足）基节

coxal suture	（胸腹面）基节沟
cross vein	横脉
cubitus	肘脉

D

dealate	脱翅成虫
dimorphic soldier	二型兵蚁
dimorphism	二型现象
dispersal flight	分飞
drywood termite	干木白蚁

E

egg	卵
epicranium	额
epimeron	（胸腹面）后侧片
epiproct	（第十腹节背片）肛上板
episternum	（胸腹面）前侧片
epistomal suture	口上沟
eye	眼

F

feces	排泄物
female	雌成虫
femur	腿节
flagellum	（触角）鞭节
flat	（前胸背板）扁平形
flight hole	分飞孔
fontanelle	囟
food meatus	（口器）食道
foramen magnum	后头孔
foreleg	前足
fore wing	前翅
fore wing scale	前翅鳞
frons	前额
frontal gland	额腺
fungus comb	菌圃
fungus-growing termite	培菌白蚁

G

galea	（下颚）外颚叶

gallery	蚁路		marginal tooth	缘齿
gena	颊		maxilla	下颚
genital chamber	生殖腔		maxillae	下颚（复数）
genital plate	（雌虫第七腹节腹片）生殖板		maxillary palp	下颚须
glossa	中唇舌		medan soldier	中兵蚁
			medan worker	中工蚁
H			media	中脉
hair	（翅面）微毛		membrane	膜片
head	头		meron	（足）后基片
head broad index	头阔指数		mesonotum	中胸背板
head capsule	头壳		mesosternum	中胸腹板
head vertex	头顶		mesothorax	中胸
higher termite	高等白蚁		metanotum	后胸背板
hindleg	后足		metasternum	后胸腹板
hind wing	后翅		metathorax	后胸
hind wing scale	后翅鳞		midleg	中足
humus-feeding termite	食腐白蚁，伪食土白蚁		minor soldier	小兵蚁
hyaline tip	（上唇端部）透明区		minor worker	小工蚁
hypogynium	（雌虫第七腹节腹片）下阴片		mixed-feeding termite	混食白蚁
hypopharynx	（口器）下咽		molar plate	臼齿板，颚齿板
			molar tooth	臼齿
I			moniliform	（触角）念珠状
imago	成虫		monomorphic soldier	一型兵蚁
immature	幼蚁		mound	蚁丘，蚁垅
intercaste	中间型品级		mouthpart	口器
			mud shelter	泥被
J			mud tube	泥线
joint	节			
			N	
K			nasute soldier	象鼻兵
king	蚁王		neotenic reproductives	补充繁殖蚁
			nest	蚁巢
L			nodule	（翅面）刻点
labial palp	下唇须		nymph	若虫
labium	下唇			
labrum	上唇		**O**	
lacinia	（下颚）内颚叶		occipital foramen	后头孔
larva	幼虫		ocelli	单眼（复数）
lateral sternal plate	胸骨外侧板		ocellus	单眼
left mandible	左上颚			
leg	足		**P**	
ligula	唇舌		pair bonding	配对
longitudinal vein	纵脉		palatum	舌
lower termite	低等白蚁		palp	须肢
			palpi	须肢（复数）
M			palpifer	负颚须节
major soldier	大兵蚁		paraglossa	侧唇舌
major worker	大工蚁		paraproct	（成虫第十腹节腹片）肛侧板
male	雄成虫		paraterminal seta	（上唇）侧端毛
mandible	上颚		pedicel	（触角）梗节
mandibulate soldier	上颚兵		phragmosis	（兵蚁）护穴行为

phragmotic	（兵蚁头前上端）门楣状	sternite	（体节腹面骨片）腹片
pleural suture	（胸腹面）侧沟	sternum	腹板
pleurite	（体节侧面骨片）侧片	stipes	（下颚）茎节
pleuron	侧板	style	（雄虫第九腹节腹片）针突
pleurostoma	口侧区	styli	针突（复数）
postclypeus	后唇基	subalare	（翅基部）后上侧片
posterior notal process	后背翅突	subcosta	亚前缘脉
postgena	后颊	subsidiary tooth	（上颚）附齿，辅齿
postmentum	后颏	subterminal seta	（上唇）亚端毛
postmentum constriction index	（后颏）腰缩指数	subterranean gallery system	地下蚁道系统
prementum	前颏	supra anal plate	（第十腹节背片）肛上板
prephragma	（胸背面）前悬骨	suture	（两骨片之间狭细的分界线）缝
presoldier	前兵蚁	swarming	分飞
primary articulation point	（上颚中与头的）主连接点	symmetrical mandibles	对称型上颚
process	突		
pronotum	前胸背板	**T**	
prosternum	前胸腹部	tandem	（雌雄成虫）追逐行为，串行行为
prothorax	前胸	tarsomer	（跗节的小节）跗分节
pseudergate	拟工蚁	tarsus	跗节
pterothorax	具翅胸节，翅胸	tegula	（翅前缘脉基部的小骨片）翅基片
		tergite	（体节背面骨片）背片
Q		tergum	背板
queen	蚁后	terminal seta	（上唇）端毛
queen cell	（蚁巢）王室	terminal spine	（上颚）端刺
		thoracic sclerite	胸片
R		thoracic segment	胸节
radial sector	径分脉	thorax	胸
radius	径脉	tibia	胫节
reproductives	繁殖蚁	tibial spur formula	胫节距式
ridge	（颚齿板）脊纹	trimorphic soldier	三型兵蚁
right mandible	右上颚	trochanter	（足）转节
		trochantine	（胸腹面）基转节
S		trophallaxis	交哺行为
saddle-shaped	（前胸背板）马鞍形	tunnel	蚁道
scape	（触角）柄节		
scutelli	（翅胸背面）小盾片（复数）	**V**	
scutellum	小盾片	vein	翅脉
scuti	（翅胸背面）盾片（复数）	venation	脉序，脉相
scutum	盾片	ventilation hole	（蚁巢）通气孔
secondary articulation point	（上颚中与头的）次连接点		
seta	刚毛	**W**	
setae	刚毛（复数）	waiting chamber	候飞室
socket	（上颚的次连接点）窝	wing	翅
soil-feeding termite	食土白蚁，真食土白蚁	wing apex	翅顶，翅尖
soil nest	土质巢	wing bud	翅芽
soil-nesting termite	土栖白蚁	wing scale	翅鳞
soil/wood-nesting termite	土木两栖白蚁	wood-feeding termite	食木白蚁
soldier	兵蚁	wood-nesting termite	木栖白蚁
spine	（足胫节）刺	worker	工蚁
spur	（足胫节端部）距		

三、兵蚁形态特征对照图

附图 1　兵蚁头壳
A. 楹白蚁属；B. 散白蚁属；C. 钩扭白蚁属；D. 华扭白蚁属；E. 近扭白蚁属；F. 亮白蚁属；G. 乳白蚁属；H. 土白蚁属；
I. 大白蚁属；J. 堆砂白蚁属；K. 原白蚁属；L. 钝颚白蚁属；M. 象白蚁属；N. 夏氏白蚁属；O. 华象白蚁属；P. 奇象白蚁属

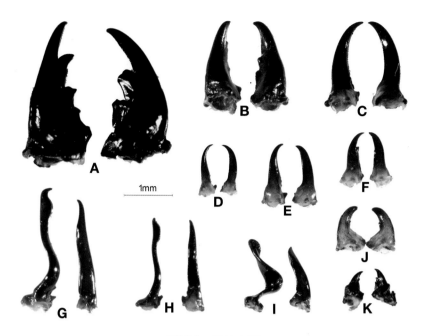

附图2　兵蚁上颚

A. 原白蚁属；B. 楹白蚁属；C. 大白蚁属；D. 乳白蚁属；E. 散白蚁属；F. 土白蚁属；G. 钩扭白蚁属；H. 华扭白蚁属；
I. 近扭白蚁属；J. 亮白蚁属；K. 堆砂白蚁属

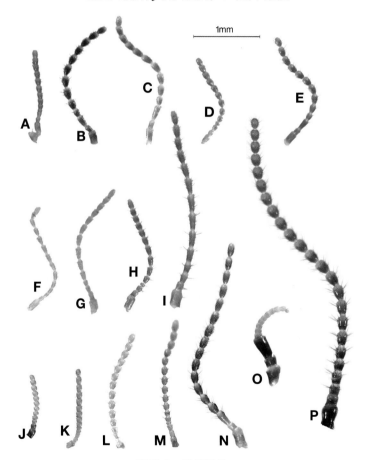

附图3　兵蚁触角

A. 象白蚁属；B. 华象白蚁属；C. 奇象白蚁属；D. 钝颚白蚁属；E. 夏氏白蚁属；F. 亮白蚁属；G. 华扭白蚁属；H. 近扭白
蚁属；I. 钩扭白蚁属；J. 堆砂白蚁属；K. 散白蚁属；L. 乳白蚁属；M. 土白蚁属；N. 大白蚁属；O. 楹白蚁属；P. 原白蚁属

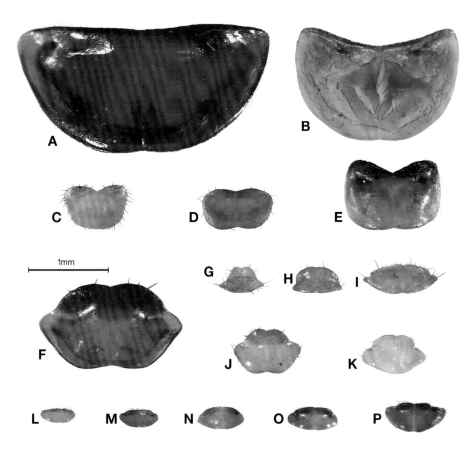

附图 4　兵蚁前胸背板

A：原白蚁属；B：楹白蚁属；C：散白蚁属；D：乳白蚁属；E：堆砂白蚁属；F：大白蚁属；G：华扭白蚁属；
H：近扭白蚁属；I：钩扭白蚁属；J：土白蚁属；K：亮白蚁属；L：钝颚白蚁属；M：象白蚁属；N：夏氏白蚁属；
O：华象白蚁属；P：奇象白蚁属